Diodato Colonnesi

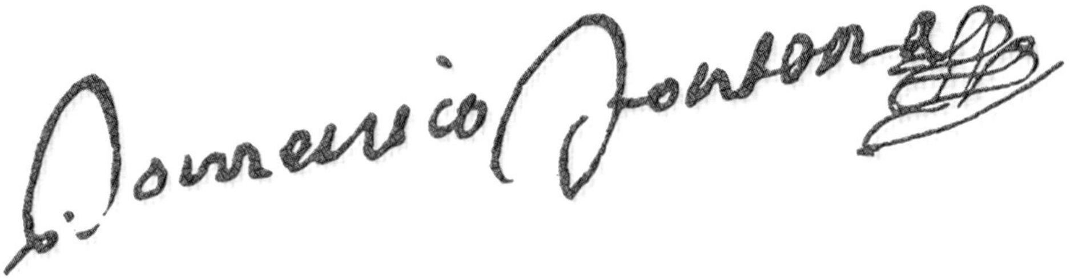

Mastro ferraro nel Settecento e l'arte del ferro a Napoli dal '400 al '700

LUCIANO EDITORE

Via P. Francesco Denza, 7
80138 Napoli
Tel./Fax 0815525472 - 0815538888
www.lucianoeditore.it
e-mail: editoreluciano@libero.it
ISBN 88-6026-079-5

Ringraziamenti

Si ringraziano: il Marchese Pisani e Mario Guarantiello per la gentile disponibilità per le ricerche esperite presso l'Archivio del Pio Monte della Misericordia, Padre Illibato Direttore Dell'Archivio Diocesano sempre prodigo di consigli e di cortesi suggerimenti, Gloria Guida per averci segnalato alcuni pagamenti fatti a Domenico Fontana dal Sacro Monte e Banco dei Poveri, Giulio Raimondi già Soprintendente Archivistico per la Campania e Presidente dell'Associazione Amici degli Archivi, l'Avvocato Donato D'Acunto presidente della Deputazione di S. Maria del Purgatorio ad Arco, Ginetta Sorbo, per la collaborazione prestataci nella difficile ricerca presso l'Archivio Storico di Santa Maria del Purgatorio ad Arco e anche per i numerosi caffè preparati per sostenerci durante il nostro lavoro. Mimmo Jodice, per l'omaggio dell'artistica foto della chiesa di S. Francesco delle Monache, Cristina Scarano per la sua gentilezza nell'averci cortesemente segnalato il documento sulla cancellata della chiesa di San Francesco delle Monache, Alfredo Foglia per la foto della pigna di ferro di Domenico Fontana, trasrormata attraverso magici fasci di luce in un oggetto monumentale. Un particolare ringraziamento va ad Umberto Mendia, amico carissimo del Banco di Napoli, che ci ha suggerito d'interessarci a questo *mastro ferraro*, nonché per averci indicato l'ampia documentazione sui lavori eseguiti per il Sacro Monte e Banco dei Poveri e Giunta dei Banchi.

Desideriamo ringraziare anche Giuseppe e Antonella Pisano per l'affettuosa collaborazione e per la risoluzione e il superamento dei vari problemi che comporta una tale ricerca. Un sentito e sincero grazie all'antiquario Salvatore Vitullo per averci fornito il più bel "*licchetto a balestra*" che abbiamo visto sino ad ora. Ringraziamo anche Francesco Colonnesi, esperto di armi antiche per la segnalazione delle notizie sugli armaioli.

Infine desideriamo esprimere un particolarissimo e affettuoso ringraziamento a Marina Amicarelli, per averci incoraggiati, sopportati ed aiutati nella stesura del testo dedicandoci molto del suo tempo prezioso.

"L'arte del ferro", dalla pianta del duca di Noja, Napoli 1775

Introduzione

Il tentativo di recuperare alla storia dell'arte un piccolo pezzo, un frammento di storia delle arti decorative, ci ha spinti ad esaminare, approfondire e a illustrare l'opera di un ignoto, ma importante mastro ferraro napoletano del Settecento: Domenico Fontana.

Omonimo del più illustre e noto architetto, vissuto nel tardo Cinquecento ed autore, tra l'altro del palazzo Reale di Napoli, il nostro Domenico nella sua attività, fu un artista di buon livello.

Attraverso l'esame dei suoi lavori ricostruiti grazie alla documentazione conservata presso l'Archivio Storico del Banco di Napoli, ma anche dalla visualizzazione delle opere ancora esistenti, si può, caso unico al mondo, scoprire l'andamento del lavoro di una bottega artigiana del Settecento.

I moduli lavorativi, ancora fuori dalla portata di future tecnologie si associano ad un contenuto artistico, per cui i singoli pezzi, persino i più seplici quali chiodi e serrature, posseggono un fascino del tutto particolare.

I suoi lavori, della più ampia varietà, ci spingono a studiare e approfondire attraverso una monografia un mondo trascurato e poco considerato.

Un vivo ringraziamento quasi un debito di gratitudine dobbiamo all'Istituto Banco di Napoli, il quale ha conservato per secoli la documentazione d'archivio che ha reso possibile la realizzazione di questa monografia.

Abbreviazioni

A.S.B.N. = Archivio Storico del Banco di Napoli
A.S.F. = Archivio di Stato di Firenze
A.S.N. = Archivio di Stato di Napoli
A.S.D. = Archivio Storico Diocesano
A.S.P.A. = Archivio Storico Purgatorio ad Arco
B.A. = Banchieri antichi
banc. = bancali
cant. = cantara
cfr. = confronta
conc. = conclusioni
D. = ducati
f. = foglio
fasc. = fascicolo
ff. = fogli
n. = numero
nn. = numeri
p. = pagina
pp. = pagine
patr. = patrimoniale
pos. = posizione
rot: = rotola
v. = verso
vol. = volume
vol. banc. = volume di bancali

Monete ufficiali del Regno di Napoli

1 ducato = 4 tarì o 100 grana, oppure 10 carlini
1 tarì = 20 grana
1 grana = 12 cavalli
1 carlino = 10 grana
cavallo = dodicesima parte di una grana
1 tornese = mezza grana ossia la ventesima parte di un carlino o sei cavalli

L'arte del ferro attraverso i secoli

Nel mondo antico il ferro lo si otteneva direttamente dal minerale senza fusione (II millennio a.C., Asia Minore).

Difatti, le fornaci a tiraggio non permettevano di raggiungere la temperatura necessaria per fondere il ferro e separare la ghisa, procedimento che si diffuse in europa soltanto alla fine del Medio Evo.

Le difficoltà dell'estrazione, della lavorazione e dell'utilizzo spiegano perché per lungo tempo una stessa persona estraesse il ferro dal minerale, lo forgiasse e ne ricavasse oggetti lavorati.

Solo in epoca romana si diffuse la divisione dei compiti tra il fonditore e il fabbro.

L'impiego del ferro era soprattutto destinato alla fabbricazione di armi utensili e strumenti come scalpelli, bulini e martelli.

Difficile parlare di una produzione artistica vera e propria anche per la scarsità di manufatti antichi poiché, il ferro si deteriora in modo rapido a causa della ruggine dovuta all'umidità dell'aria.

Il ferro non fu usato nell'arte "pura" come la statuaria, perché richiedava un'alta temperatura di fusione, fu adattissimo invece per quegli oggetti che necessitavano di durezza ed elasticità oppure, che dovevano sopportare notevoli pesi.

Col ferro si produssero quindi: cardini, cancelli, grate, roste, battenti, ferrature, mensole, ringhiere eccetera.

La lavorazione più comune nell'antichità e di maggior successo fu quella del ferro battuto. Si prendevano assi o fasce di ferro e lo si piegava, affusolava, affinava in cartocci e volute di vario genere, che successivamente si assemblavano attraverso chiodature ed anelli, realizzando ferrate, cancellate e ringhiere di grande pregio.

Il ferro venne per lo più impiegato verniciandolo color antracite, e in altri casi brunito. Quest'ultimo metodo di conservazione permetteva il raggiungimento, sul piano della decorazione, di altissimi risultati estetici.

La tecnica della brunitura era quella di presentare un oggetto non coperto da vernici lasciandogli l'aspetto originario e consisteva nell'immergere il pezzo, una volta finito, pulito e scaldato fino a prendere il colore giallo (250 gradi centigradi circa), nell'olio preferibilmente di corno di cervo o di pesce, dopodicché veniva nuovamente lievemente riscaldato.

Lo scopo della brunitura era quello di abbellire il ferro battuto e nel contempo di proteggerlo dall'ossidazione. Oltre al ferro battuto vi sono altri metodi per decorare il metallo, il sistema a stampo è uno di questi. Fu introdotto intorno al XIII secolo e consiste nel pressare il ferro caldo entro conii d'acciaio precedentemente preparati, cosicché con minima fatica si può ottenere la riproduzione fin nei più minuti particolari.

Piantone di cancellata con borchie d'ottone, sec. XVII (chiesa S.M. della Pace).

Dopo il Trecento in Germania fu introdotta la tecnica del cesello per la lavorazione a freddo del ferro con la sega e scalpelli una sorta di intaglio. Infatti gli artisti incisori su rame col bulino sino a tutto il Settecento venivano definiti a Napoli anche intagliatori.

Altra tecnica decorativa era la damaschinatura ossia l'arte di abbellire il ferro con motivi ad intarsio attraverso altri metalli di colore diverso. Nei lavori di particolare raffinatezza e di piccole dimensioni, come armi bianche e da fuoco o scrigni, tale tecnica, definita anche "agemina", indica l'applicazione mediante incastro a colpi di martello di un filo sottile o di lamine d'oro e d'argento, le quali s'inseriscono a freddo in solchi scavati nel supporto metallico, creando in tal modo effetti di leggiadria e di rara bellezza.

Un ulteriore sistema lavorativo in uso fin dal Cinquecento, è quello del ferro fuso in forme. Con questa tecnica si riducevano molto i costi e la fatica del fabbro.

Nell'Ottocento si ricorse quasi esclusivamente a questo sistema di lavoro che segnò la fine della stagione d'oro del ferro battuto.

I dettami stilistici e estetici delle decorazioni metalliche via via succedutisi attraverso i secoli dal Gotico al Rinascimentale prima, dal Barocco al Rococò poi, attraverso le esperienze degli artigiani francesi del XVII e XVIII secolo raggiunsero livelli incredibili. Come il "*licchetto a balestra*" proveniente da un antico palazzo di Monte di Dio di grande leggiadria.

I repertori, redatti da abili artisti che in taluni casi sembrano raggiungere la plasticità e la morbidezza del legno intagliato, si basavano sulla combinazione di bacchette intrecciate con graziosi ornati composti da volute e fogliami con tondini intersecantesi l'uno nell'altro.

Nell'Italia del XVIII secolo l'arte della lavorazione del ferro, così come tutte le arti, si ingentilì sull'onda del Barocchetto, avvolgendosi e affinandosi in volute con fiori e foglie, producendo veri e propri spartiti decorativi che, dal Veneto alla Sicilia evidenziano il grande livello tecnico raggiunto dai fabbri, dagli armaioli, argentieri, ottonari e da tutti gli altri artigiani.

Nel '700, che rappresenta il trionfo dell'ornato, dove le decorazioni viaggiano sulle ali di una illimitata fantasia tra gli intagli dorati del legno, dalle irridescenze, luminose maioliche e i preziosi tessuti, anche il ferro occupa degnamente un suo posto.

I balconi dei palazzi importanti si arricchiscono di leggiadre ringhiere, i giardini di splendide cancellate, le chiese ed alcuni monumenti di balaustre e comunichini di stupende teorie in ferro.

Anche a Napoli, patria del Rococò definito poi Barocchetto, ebbe la sua produzione di opere in metallo.

Bisogna tuttavia, dire che i mastri ferrari partenopei evitarono i grandi cicli decorativi, impegnandosi invece in opere di limitata monumentalità, Evidentemente la committenza di rango preferì, per le arti plastiche, maggiormente il legno, lo stucco e il marmo, trovando in questi elementi più corrispondenza al gusto dell'epoca. Non a caso, si preferì abbandonare le massicce strutture barocche per la leggerezza dei nuovi canoni Rococò.

Ciò non vuol dire però che i ferrari napoletani non ebbero una produzione di livello artistico, al contrario la loro fantasia e la loro creatività si riscontrano continuamente. Ulteriore merito va riconosciuto agli artigiani partenopei per aver inserito nell'oggettistica d'uso comune elementi di raffinata eleganza sagomando chiodi, cerniere, chiavi, utensili da cucina ed ogni sorta di ferro esposto alla vista dell'osservatore.

L'artigiano napoletano profuse la sua creatività e il suo impegno in lavori di limitata spazialità, senza perdere di intensità e di effetto. Nacquero così stupende roste, ossia sopraportoni, e cancellate di palazzi e di edifici religiosi, per decorare i balconi con leggiadre ringhiere e per chiuder le finestre applicarono, per motivi di sicurezza circonvolute gelosie che in gergo vennero definite "*a pietto 'e palummo*".

A Napoli, più che altrove, fu ricorrente una moda fanzaghiana, ossia quella dell'uso di abbinare al ferro battuto il bronzo, l'ottone o il rame dorato, determinando effetti cromatici particolarmente indovinati, accostando il bruno del ferro con i caldi toni del bronzo.

Inoltre nel periodo Rococò si fece spesso ricorso alla indoratura dei ferri, quasi sempre veniva usato al posto della sfoglia d'oro zecchino quella d'argento molto meno costosa. Questa veniva coperta per ben sette volte da un preparato detta "*mistura*" composto da spirito e gomma lacca disciolto a bagnomaria. Tale trattamento dava perfettamente l'illusione dell'oro fino o zecchino.

Portroppo, nell'uso moderno lo scarso gusto dell'ambiente cittadino verso questi prodotti, certamente più raffinati faceva in modo che non solo il ferro venisse dipinto grigio scuro, ma perfino le parti d'ottone subirono lo stesso trattamento.

La scarsa considerazione che i manufatti in ferro hanno sempre subíto nel tempo, portarono a un degrado per assenza di qualsiasi forma di manutenzione, tanto che, nelle demolizioni di antichi palazzi i ferri vengono venduti a peso e destinati alla fusione, disperdendo così il loro alto contenuto artistico e anche la testimonianza di un periodo storico.

Sono scomparsi in tal modo pregevoli cancelli, roste, balaustrate, ferrature, chiavi, serrature, catenacci e ogni altro accessorio che compone il corredo metallico di un edificio.

Questo malcostume daltr'onde lo abbiamo ereditato dai nostri predecessori: infatti si sa che i Governatori del Sacro Monte e Banco dei Poveri consegnarono a Domenico Fontana vecchi ferri seicenteschi "*marciti e franti*" per risparmiare sull'acquisto del ferro nuovo.

Fin dal secolo XVI nel Regno di Napoli il ferro era gravato da tasse e balzelli che venivano arrendati da nobili e chiese[1].

«I ferri vecchi e nuovi, grezzi e lavorati, più ancora gli acciai, gli acciaroni e i cosiddetto "pomerali" erano tutti oggetto di privativa e come tali venivano arrendati. All'uopo erano stabiliti tre arrendamenti dei quali il primo comprendeva la Terra di lavoro, le Calabrie e i due Principati; il terzo gli Abruzzi, il terzo la Capitanata ed il Contado del Molise. Era vietata naturalmente la libera vendita, che era considerata contrabbando, i possessori degli anzidetti generi di privativa, dovevano farne denuncia ai governatori dell'arrendamento correlativo e, volendo venderlo, depositarli nei fondaci e sottofondaci a ciò destinati»[2].

Disegno di lampione, sec. XVIII. A.S.N., piante e disegni, cart. XXV, n. 24.

[1] Il termine arrendamento deriva dal termine spagnolo *arrendar*, cioè appaltare. Si trattava di entrate fiscali affidate dallo stato ai privati, poiché per il gran numero di tasse, jus e gabelle non era in grado di esigerle. Gli arrendatori erano tenuti a versargli in cambio "annue entrate". Gli utili agli arrendatori gravavamo su coloro che dovevano pagare le tasse. Cfr. Luigi De Rosa, *Studi sugli arrendamenti del Regno di Napoli. Aspetti della distribuzione della ricchezza mobiliare nel mezzogiorno continentale (1649-1806)*, Napoli, L'Arte Tipografica, 1958.

[2] Fausto Nicolini, *Notizie tratte dai giornali copiapolizze degli antichi banchi napoletani intorno al periodo della rivoluzione del 1647-1648*, Napoli, 1958, p. 518. Va tuttavia considerato che nel Regno, già dal XVI secolo, s'importava dall'isola d'Elba sabbia Ferrosa cfr. Banco di Sant'Eligio, g. matr. 7. Partita di 60 ducati, estinta il 19 maggio 1598.

Gli artefici di una lunga tradizione

Per meglio aiutare a comprendere e a studiare quale fu l'evoluzione dell'arte del ferro nella nostra città, riteniamo fare cosa utile e gradita pubblicando una serie di documenti frutto di una nostra ricerca sugli artefici di quest'arte che comprende un arco temporale il quale, partendo dal Quattrocento arriva sino alla fine del Settecento.

Dall'esame dei documenti oltre a ricavare dati circa i tipi di ferri realizzati dalle maestranze napoletane, si evincono anche quali furono le famiglie più importanti e famose di quast'arte. Tra tutti primeggiano quelle dei De Chiara, Mirone, Sperindeo e Fontana.

Gaspare Barba

"*A Tommaso Argiento D. 12, per lui a Mastro Ghasparre Barba ferraro, dicero sono a chompimento di D. 54 che montano la factura di 36 chantara di ferro; a lui contanti*".
(A.S.F./Banco Strozzi, g. vol. I, Partita di 12 ducati, estinta il 20 febbraio 1472, f.51 v.)

Pinzetta e schiaccianoci del '700. Foto Giuseppe Capozzi.

Particolare della cancellata della chiesa della Scorziata nella Piazza S. Lorenzo ascrivibile a D. Fontana

Giovanni di Sorrento

"*A Luigi & Francesco Choppola D. 6__1 per loro a Giovanni di Sorrento fabro: dicero sono tarì 20 e grana 1 per resto di quanto ha lavorato per loro di ferro ed ha auto da loro e tarì 10 i quali li prestano per quello lavorerà oggi innanzi*".

(A.S.F./Banco Strozzi, g. vol. I. Partita di 20 tarì e 1 grana, estinta il 21 luglio 1473)

Troiano

"*Al magnifico Johan Thomaso Branchalione D. 2.3 e per lui a mastro Trojano ferraro dicero sono per la fattura d'una catena hanno fat*(t)*a per la lamia de la logia, a lui contante*".

(A.S.N./B.A. Banco Spinola, g. vol. 6. Partita di 2 ducati e 3 tarì, estinta l'11 maggio 1531)

Franco de Patti

"*Al magnifico Thomaso Brancalione D. 9.3.10 e per lui a mastro Franco de Patti dicero sono per lo pretio de doi chiavature et fornimenti et dui porte et de sette finestre, pagan per polisa de magnifico Thomaso Borrello a lui contanti*".

(A.S.N./B.A. Banco Spinola, g. vol. 6. Partita di 9 ducati 3 tarì e 10 grana estinta il 31 marzo 1531)

Martinello Maranta

"*Al Illustrissimo Signor Don Garzia de Toledo D. 6 e per lui di ordine del signor Marco Aliotta si sono pagati a mastro Martinello Maranta dicero sono in parte di D. 14 li paga per doi fornimenti di chiavaxone l'uno indorato smaltato azzurro e l'altro inargentato a lui contanti*".

(A.S.N./B.A. Banco Lercaro e Imperiale, g. vol. 15. Partita di 6 ducati, estinta il 24 febbraio 1541)

Cesare de Palma

"*Magnifici Signori Governatori et protectori del Sacro Monte de la Carità* (Pietà) *piaza pagar per me a mastro Cesaro de palma chiavetteri carlini vinti sette et sono per una chiavatura maniglia et lechetto fatta a la porta grandi de mia casa et poniti a mio conto da casa il dì 10 settembre 1574.*

Al Comando delle Signorie Vostre Bartholomeo Magliano".

(A.S.B.N./Banco della Pietà, filza: Polizza di 2 ducati 3 tarì e 10 grana, estinta il 23 settembre 1574)

Conforto de Lando

"Signori Gubernatori de Santa Maria de Populo, pagati a mastro Conforto de Lando carlini vint'otto correnti et diti sono per lo prezzo de una chiavatura guarnita con l'aniello, mappa, et con dui lecchettoni quali hanno serviti per la porta grande de piacza della casa del quondam Signor Gio Alfonso Porta mio fratello, declarando che detto pagamento lo faccio, come tutore delli figli et heredi di detto quondam mio fratello et poneti a conto da casa il dì 30 de gennaro 1590.
Al comado delle Signorie Vostre Gio Geronimo Porta".

(A.S.B.N./Banco del popolo, filza. Polizza di 2 ducati e 4 tarì, estinta il 30 gennaio 1590)

Antonio de Ferrarijs

"Signori Governatori del Banco dell'Incurabili pagate a mastro Antonio de Ferrarijs D. 7 di contanti a complimento del prezzo de una trabacca di ferro con canestro fattomi incluso lo prezzo del ferro senza dovere havere altro da me per tutto il presente dì. A dì 23 di ottobre 1590.
Gio Domenico Grassi".

(A.S.B.N./Banco del popolo, filza. Polizza di 7 ducati, estinta il il I settembre 1590)

Donato Iovene

"A Potenziano di Bradaglia e a Giovanni Alfonso del Baglivo D. 7 e per loro a mastro Donato Jovene ferraro et diti se li pagano ad complimento de ducati otto tarì dui et grana decessette et mezzo atteso li altri li ha ricevuti di contanti et sono a conto de le catene de ferro che mi ha da consignare che serveno per la casa sua ad Santa Maria de la Vittoria a le... del Signor Duca di Castrovillari".

(A.S.B.N./Banco di Sant'Eligio, filza matr. 10. Polizza di 7 ducati 2 tarì e 17 grana e mezzo, estinta il 21 agosto 1593)

Gregorio de Chiara

"A mastro Gregorio de Chiara chiavettiero D. 6 et diti sono in conto delle opere che ha da fare di suo officio per servitio di mia casa et poneti ad conto. Gio Domenico de Santis".

(A.S.B.N./Banco dello Spirito Santo, filza. Polizza di 6 ducati, estinta il 24 gennaio 1596)

Luca de Chiara

"Signori Governatori del Banco del Spirito Santo, pagate a mastro Luca de Chiara D. 4.1.12 e dicano per 43 fibie a grana 3 l'una, 950 meczi chiodi a grana 28 il centenaro e carlini per due rotola di colla, per servizio dell'opera del palazzo di Poczuoli dell'Eccellentissimo Signor Don Pietro de Toledo, quale have da consignare a mastro Francesco la Barca capomastro di mastro d'ascia in detta opera, in Napoli a 29 di gennaro 1596. Al servizio delle Signorie Vostre Marcantonio Caserta".

(A.S.B.N./Banco dello Spirito Santo, filza. Polizza di 4 ducati 1 tarì e 12 grana, estinta il 29 gennaio 1596)

Donato Jovene

"*Magnifici Signori Governatori del Banco dello Spirito Santo, pagatte per me a mastro Donato Jovene D. 5.1.15 a compimento de D. 15.4.15 per dui cancellate de fierro a fatto per la capella de la magnifica nazion catalana de piso de rotola 10 a grana 14 ½ lo rotolo che li restanti D. 10 ebbe di caparro di contanti et poneti a conto mio. In Napoli a di 31 jennaro 1596.*

D. 5.4.15 Alexi Picasso".

(A.S.B.N./Banco dello Spirito Santo, filza. Polizza di 5 ducati 4 tarì e 15 grana, estinta l'8 febbraio 1596)

Pascale de Stefano

"*A nostro Sacro Monte D. 10 a Pascale de Stefano dissero se li pagano in conto della manifattura delle cancellate fa per servitio della nostra fabbrica della casa del Sacro Monte*".

(A.S.B.N./Banco della Pietà g. matr. 2. Partita di 10 ducati, estinta il 9 maggio 1598)

Sabbia ferrosa

"*A Ottaviano Anfosso D. 60.1 et per lui al padron Pelgro Benso et se li pagano per nolo* (della nave) *di 102 e ¾ di rena di ferro che ha portata dal Elba con sua barca et scarricata in Napoli a ragione di D. 25 il 100 atteso li D. 8.2 se li sono ritenuti per mancamento che a dato di cantara nove e mezo di detta rena a carlini 9 il cantaro, a lui contanti*".

(A.S.B.N./Banco di Sant'Eligio, g. matr. 7. Partita di 60 ducati ed 1 tarì, estinta il 19 maggio 1598)

Donato Iovene

"*A Cesare d'Acampora D. 17.2.10 et per lui a mastro Donato Jovene ferraro a complimento de D. 69.2.10 per lo prezzo de cantara 5 e rotola 50 de fierro lavorato l'ha venduto et consignato in tante cancelle per la cantina et per le finestre del studio per servitio de sua casa declarando che in potere suo restarno al presente rotola 105 di ferro suo per farne un altro cancello per una altra finestra del loro studio et promette darcela per tutto sabato, et per lui a Giovan Battista Balzamo…*".

(A.S.B.N./Banco di Sant'Eligio, g. matr. 7. Partita di 12 ducati 2 tarì e 10 grana, estinta il 22 giugno 1598)

Giulio Galano

"*A Giovan Antonio Molignano D. 4.2.10 et per lui a mastro Giulio Galano a complimento de D. 13 atteso D. 4 l'ha ricevuti per Banco de la Pietà et D. 4 e mezo l'ha ricevuti contanti disse pagarceli per un paro de lampioni indorati con le loro maze per servitio del Santissimo sacramento de la terra de Acquaviva*".

(A.S.B.N./Banco di Sant'Eligio, g. matr, 7. Partita di 4 ducati 2 tarì e 10 grana, estinta il 5 dicembre 1598)

Spada di Antonio Ascione
(Museo di Capodimonte).

Antonio Ascione *spadaio*

"*A Gian Domenico Fontana D. 2 e per esso ad Antonio Ascione disse in nome del Signor Don Tomase d'Aquino per accomodazione della spada di detto don Tomase*".
(A.S.B.N./Banco della Pietà, g. matr. 13. Partita di 2 ducati, estinta il 24 maggio 1612).

Giovanni Andrea Mastari

"*Lavoro fatto da Gio Andrea Mastari chiavettiero per servizio di questo Sacro Monte*

In Primis per haver accostate le due cancellate che si son poste alle finestre e delle sasine (sic) comprate da Bruno ducati uno	1
Una chiave dove lavoravano li ferrari grana quindeci	15
Per quattro fibie poste alla prima porta del Monte dove è il catenaccio tarì uno	1
Per aver saldata la spogna alla chiave del stipo del audienza grana diece	10
Quattro chiavature de stipo grande et quattro guancetti al bancone del monte D. uno tarì uno	1.1
per aver accostato et accomodatolo fierro del poczo, et fattece lo moleniello carlini tre	1.10
ha fatte due fibie al sportiello del poczo et impiombateceli tarì 1.15	1.15
Una chiave alla porta della Cappella e cambiate le guardie grana 15	15
Una chiava al cassonetto delle fedi di credito, et accomodatala due volte	15
Una zeccola con tre grappe alle fenestre de la sala del Monte tarì 1.5	1. 5
Have saldata la spogna alla chiave della porta maggiore del banco gr. 15	15

Potranno le Signorie Vostre restar servite e far pagare al sopradetto D. 4
Gio Andrea li sopradetti ducati quattro per la sopradetta causa
Il dì 29 aprile 1620. Li Deputati della fabrica del Sacro Monte de
Poveri nel nome di Dio
Giovan Battista Apicella
Ottavio de Riggi della Ratta
Al verso:
Nostri di Banco pagate a Giovan Andrea Mastari chiavettiere D. quattro dicano per tanto lavoro che ha fatto per servizio del Nostro Sacro Monte justa la retroscritta lista a 29 aprile 1620.
Li Governatori del Sacro Monte dei Poveri del nome di Dio".

(A.S.B.N./Banco dei Poveri, filza. Polizza di 4 ducati, estinta il 5 maggio 1620)

Francesco Mozzillo

"*Pagate per me a Francesco Mozzillo D. 5 correnti per le ferrature fatte alle mie vinelle per un anno finito nel prossimo passato mese di novembre, e resta pagato del passato. Di casa 9 dicembre 1620. Francesco Patignano*". (A.S.B.N./Banco dei Poveri, vol. di polizze. polizza di 5 ducati, estinta il 10 dicembre 1620)

Fabrizio de Martino

"*A Giuseppe Caputo D. 10 et per me li sudetti D, 10 li pagarete a Fabrizio de Martino matro ferraro a complimento de D. 50 atteso l'altri li ha da me ricevuti contanti in piò et deverse*

Licchetto a balestra del '600.
Foto Giuseppe Capozzi.

volte quali D. 50 sono per il prezzo de sei catene di ferro una di esse con la mazza longa di ferro, 30 pipe (?), zeppune, pierni, chiodi, fibie et altre cose de ferro a me vendute et consignate per servizio della mia casa sita a Santa Maria a Cancello et del prezzo bontà e qualità me ne chiamo ben contento et detto Fabrizio me quieta per detta causa et poneti a conto mio a di 4 agosto 1646. Giuseppe Caputo.

E per me a Gio Berardino Pinto per altri tanti Frabizio De Martino".

(A.S.B.N./Banco dei Poveri, filza. Fede di credito di 10 ducati, estinta il 28 agosto 1646)

LORENZO CAMPANILE

"*A Diego Altomare D. 15 e per lui a mastro Lorenzo Campanile e dite sono in conto di ferri che haverà da lavorare e cosignare alli Padri Gerolomini per le porte di ferro che si stanno facendo…*".

(A.S.B.N./Banco della Pietà, g. matr. 421. Partita di 15 ducati, estinta l'8 agosto 1654

FILIPPO DI GUIDO

"*A Scipione Solari D. 12.3 e per esso a Filippo di Guido a complimento di D. 19 che l'altri li ha ricevuti contanti e tutti sono per intiero prezzo di una trabacca (letto) di ferro con pomi di ottone di misura palmi sette et otto senza tavole vendutoli e consignatoli*".

(A.S.B.N./Banco di San Giacomo, g. matr. 442. Partita di 12 ducati e 3 tarì, estinta il 7 novembre 1684)

DOMENICO POLLASTRO

"*A nostri d'Ospedale D. 8 e per essi a mastro Domenico Pollastro ferraro a complimento di D, 18 et a conto d*(i quello) *che sta facendo per la cappella della sala parrocchiale di detto Ospedale con firma del detto Domenico*".

(A.S.B.N./Banco di San Giacomo g. matr, 442. Partita di 8 ducati, estinta il 12 dicembre 1684)

GUGLIELMO PACILEO

"*A nostri dell'Ospedale conto di fabrica D. 200 e per essi a mastro Guglielmo Pacileo ferraro in conto de balconi di ferro che ha da fare nella detta fabrica con firma del detto Guglielmo*".

(A.S.B.N./Banco di San Giacomo, g. matr, 543. Partita di 200 ducati, estinta il 6 marzo 1702)

CARMINE CARASALE

"*Alli Governatori del Rael Conservatorio della Pietà dei Turchini D. 7 e per loro a Carmine Carasale mastro ferraro disse sono per lo prezzo di para tre di scanni di ferro nuovi di peso rotola 40, per esser venduti e consignati a primo corrente per servizio di detto Conservatorio alla ragione di grana 17 il rotolo così d'accordo giusta la fede del Padre vice rettore di detto Conservatorio, et ordine del Governatore Mensario e resta sodisfatto per detta causa*".

(A.S.B.N./Banco dello Spirito Santo, g. matr. 1020. Partita di 7 ducati, estinta l'8 agosto 1716)

Aniello Fontana, rosta della chiesa dello Spirito Santo.

Aniello Fontana

"*A Nostri di casa D. 6 - 11 e per loro a mastro Aniello Fontana a complimento di D. 97.4.13 e cioè D. 70.2 per prezzo d'una ferriata a coda di pavone per il finestrone della nova sacristia di nostra chiesa di peso rotola, inclusi D. 1 di portatura, D. 18.1.18 per prezzo di un'altra ferriata per servizio di detta sacristia di peso rotola 101 e grana 18 il rotolo, incluse grana 20 di porto e D. 9 a grana 15 per prezzo di diversi ferramenti et accomodi d'essi fatti a parte per servizio di detta chiesa...*".

(A.S.B.N./Banco dello Spirito Santo, g, matr. 1.085. Partita di 6 ducati e 11 grana, estinta il 16 aprile 1721)

Matteo Amoruso

"*A Matteo Amoruso mastro chiavettiero per lo prezzo di un ferro di portiero di peso rotola 20 e ¼ fatto per tener coverto l'organo del nostro oratorio e per alcune mascature e residij fatti a diversi luoghi dal medesimo come per lo prezzo di diverse mascature chiavi e finestre della case possiede il nostro Banco*".

(A.S.B.N./Banco dei Poveri, patrimoniale matr. 553. Partita di 11 ducati e 15 grana del 14 marzo 1726)

Francesco Ingaldo

"*A Don Francesco Ingaldo arrendatore de ferri e sono per lo prezzo di cantara dieci e rotola 46 di ferro maglietto a ragione di D. 13.4 il cantaro e rotola numero 56 di ferro di Fiandra a D. 14.1.10 il cantaro servito per le cancellate si han da fare alle finestre della nuova fabbrica di nostro Banco*".

(A.S.B.N./Banco dei Poveri, patrimoniale matr. 554. Partita di 152 ducati 1 tarì e 14 grana del 29 marzo 1729)

Baldassarre Sperindeo

"A Pietro Paolo Mastellone, marchese di Capogrosso D. 500 e per esso con firma del signor giudice Perrelli a Baldassarre Sperindeo mastro ferraro a conto del pagamento de ferri manifattura dei balconi, catene, mascature con chiave, catenacci, grappe, croci, cancellate, gattoni per sottobalconi, ferreate per sopra il portone della sua casa palaziata che attualmente si sta costruendo sita al largo della Carità de' quali gliene dovrà dar conto nella misura facienda dal tavolario Papa eletto dalla Gran corte della Vicaria a tempo fu interposto decreto col quale fu ordinato esserli lecito spendere D. 10.000 circa per la fabbrica e nuova costruzione suddetta".

(A.S.B.N./Banco dello Spirito Santo, g. matr. 1268. Partita di 500 ducati, estinta il 9 settembre 1733)

Giuseppe Mirone

"Banco dello Spirito Santo pagate a mastro Giuseppe Mirone ferraro D. 7.3.8, dite sono a compimento di D. 11.3.4 atteso gl'altri D. 3.4.16 l'ha ricevuti per lo prezzo di due cancellate di ferro piccole dell'antica chiesa della Providenza di peso rotola trentatrè a ragione di grana 12 il rotolo. E sono D. 11.3.4 per una cancellata di peso rotola trentasei fatta per una lumiera della terra santa a grana 16 il rotolo inclusavi la manifattura, una mascatura con chiave per la porta piccola di Port'Alba, due altre mascature con le chiavi una per il luogo comune, ed un'altra per il cancello grande, e due frontizze per la porta di legname riposta nella lumiera di detta terra santa, come dalla nota distintamente s'osserva, restando con tal pagamento intieramente sodisfatto, tanto per detto quanto per ogn'altra causa sino alla presente giornata, senza poter altro pretendere. Napoli 12 novembre 1734.

Congregazione di San Michele Arcangelo de 72 Sacerdoti".

(A.S.B.N./Banco dello Spirito Santo, filza. Polizza di 7 ducati 3 tarì e 8 grana, estinta il 20 novembre 1734)

Palazzo Mastellone, rosta di Baldassarre Sperindeo, su disegno di Niccolò Tagliacozzi Canale.

Baldassarre Sperindeo

"*A Sor Anna Maria Cavalletta D. 20 e per essa a Baldassarre Sperindeo mastro ferraro e disse sono a compimento di D. 40 et in conto delle tre ferrate dal medesimo fatte per servizio delle grate del nuovo parlatorio del Collegio de Vergini della Santissima Concezione appresso Montecalvario di peso cantara 2 e rotola 8 e ½ di ferro e per esso al detto Corrado per altri tanti*".

(A.S.B.N./Banco San Giacomo, g. matr. 835. Partita di 20 dicati, estinta il 30 dicembre 1734)

Aniello Fontana

"*A Nicola Mastellone Marchese di Capogrossi D. 1000 e per esso a mastro Aniello Fontana capo mastro ferraro, e sono in conto del prezzo de ferri manifatture de, catene, mascature con chiave e catenacci, ferriate, grappe, gattoni per sotto balconi, ferri di grada, piombo, ottone e tutt'altro occorre per servizio della sua casa palaziata, che si sta costruendo sita sul largo della Carità de quali ne doveva dar conto nella misura facienda dal tavolario (Giovanni) Papa eletto dalla Gran Corte della Vicaria nel... fu interposto il decreto, il quale fu ordinato esserli lecito spendere D. 10000 in circa per la fabbrica*".

(A.S.B.N./Banco dello Spirito Santo, g. matr. Partita di 1000 ducati, estinta il 28 luglio 1735)

Giuseppe Mirone

"*Alla Congregazione di San Michele Arcangelo de 72 Sacerdoti. 7.3.8 e per essa a mastro Giuseppe Mirone ferraro a compimento di D. 11.3.4 attesi l'altri D. 3.4.16 l'ha ricevuti per lo prezzo di due cancellate di ferro piccole dell'antica chiesa di Santa Maria sella Provvidenza e di peso rotola 33 a ragione di grana 12 il rotolo e di D. 11.3.4sono per una cancellata di peso rotola 36, fatta per una lumera con chiave per la porta piccola aperta dalla parte di Port'Alba, due altre mascature con le chiavi, una per il logo comune ed un'altra per ol cancello grande, e due frontizze per la porta di legname riposta nella lumera di detta terrasanta come da la nota distintamente s'osserva, restando sodisfatto per tutto li 22 novembre 1734*".

(A.S.B.N./Banco dello Spirito Santo, g. matr. 1298. Partita di 7 ducati e 8 grana, estinta l'8 agosto 1735)

Domenico Sperindeo

"*Al Magnifico Antonio Sancillo D. 20 e per lui a Domenico D'Avanzo per altri tanti e per lui a mastro Domenico Sperindeo, a compimento di D. 30 atteso l'altri D. 10 l'ha ricevuti di contanti e detti D. 30 sono a canto di due serrature di traini di carrozzini et le rote con manettone su li traverzoni e con le traverze di detto le biocce limate di lima fina, convenute tra di lolro, a D. 20.50 il cantaro ma che detto ferro debba esser di tutta bontà e perfettamente di pietra Santa e non essendo detto ferro di detta bontà, sia lecito quelle farle fare d'altri mastri, ed a una cassa di detti traini, ma debba ferrare li quattro maniglioni di ferro affrontati, il tutto complito e di buon maestro*".

(A.S.B.N./Banco dello Spirito Santo, g. matr. 1298. Partita di 20 ducati, estinta l'8 agosto 1735)

Baldassarre Sperindeo

"*Ad Arcangelo Agostino Farina D. 42 e per lui a mastro Bandassarre Sperindeo e glie li paga in nome e parte del suo proprio denaro del principe di Cell'amare, et esserno per la valuta di molte maschiature con chiave, licchetti, zeccole et altri ferri da lui dati per servizio del palazzo di esso Principe alla Salute, restando con tal pagamento intieramente sodisfatto nè deve altro conseguire per la causa suddetta*".

(A.S.B.N./Banco dello Spirito Santo, g. matr. 1298. Partita di 42 ducati, estinta il 22 agosto 1735)

Agostino Schisano

"*A Teofilo Mauri D. 10 e per lui a mastro Agostino Schisano per prezzo di una ferratura di porta e mascatura con chiave e per esso al magnifico Michele de Luca per altri tanti*".

(A.S.B.N./Banco dello Spirito Santo, g. matr. 1298. Partita di 10 ducati, estinta il 5 novembre 1735)

Gennaro D'Aveta

"*A Don Giacinto Cafiero de Pij Operarij D. 16 e grana 15 e per lui a Gennaro d'Aveta ferraro a compimento di D. 21.15 per ultimo e final pagamento per un balcone di ferro e tre gattoni di ferro fatti e serviti per la sua casa… del conservatorio di Santa Maria del Presidio delle Pentite alla Pigna Secca, e detto denaro dichiara essere del Conservatorio e ce li paga come superiore di quello e per detti D. 16 -15 resta intieramente sedisfatto né deve altro conseguire da detto Conservatorio*".

(A.S.B.N./Banco dello Spirito Santo, g. matr, 1289. Partita 16 ducati e 15 grana, estinta il 16 novembre 1735)

Terminale di croce in rame dorato, Napoli, sec. XVII (coll. priv.).

Bartolomeo Ricciardi

"*Al Monastero della Provvidenza D. 23.2 e con firma di Sor Angela Maria Palmieri Guardiana a mastro Bartolomeo Ricciardi per il prezzo di ferri nuovi fatti per servizio del loro Monastero dal primo maggio 1734 per tutto settembre 1735 e col presente pagamento resta intieramente sodisfatto e per esso al magnifico Michele de Luca per altri tanti*".

(A.S.B.N./Banco dello Spirito Santo, g. matr, 1298. Partita di 23 ducati e 2 tarì, estinta il 10 dicembre 1735)

Domenico Sperindeo

"*Al Monastero di Regina Coeli D. 5, con firma di Donna Maria Capobianco Abbadessa al Reverendo Don Pietro Sparano, ed esserno per tanti da lui pagati contanti a Domenico Sperindeo ferraro per l'intiero prezzo di tutte le mascature, catenacci, licchetti, mappe ed altri ferramenti consegnati al loro Monastero per servizio del medesimo, e resta sodisfatto, a lui contanti e con sua firma*".

(A.S.B.N./Banco del Popolo, g. matr. 1208. Partita di 5 ducati, estinta il 7 novembre 1743)

Aniello Fontana

"*Alli Governatori della Deputazione dell'anime del Purgatorio ad Arco D. 4.10 e per loro ad Aniello Fontana mastro ferraro per li residij di ferro fatti nella casa alla dogana del quondam Giovanni di Lieto, di cui la loro chiesa è erede, come dalla relazione dell'ingegnero Gennaro Zizza nel fascicolo, però li pagaxssimo con sua firma autentica*".

(A.S.B.N./Banco dello Spirito Santo, g. matr. 1.298. Partita di 4 ducati e 10 grana, estinta il 16 novembre 1735)

Giuseppe De Simone

"*Ai Governatori del Monte della Misericordia D. 13.1.13 e per loro a Giuseppe de Simone mastro ferraro per tre ferrate di peso rotola 73 e ½ a grana 18 il rotolo fatte per servizio di una casa del Monte sita in S. Aspreno*".

(A.S.B.N./Banco di Sant'Eligio, g. matr. 1132. Partita di 13 ducati 1 tarì e 13 grana, estinta il 20 maggio 1744)

Aniello Fontana

"*Ad Aniello Fontana mastro ferraro in cui si disse delli lavori di ferro sta facendo al 4° superiore delle case che il nostro baco possiede al Mercato*".

(A.S.B.N./Banco dei Poveri, patr.g. di terze matr. 514. Partita di 60 ducati, estinta il 15 gennaio 1745)

Aniello Fontana

"*A residij D. 3.2.10 con polisa ad Aniello Fontana mastro ferraro per diverse chiavi, zeccole, piastre e croci di ferro posto così nella bottega sotto il nostro Banco ove abita il notar Pumbio come pure nel cancello del Monte e nelle finestre della razionalia*".

(A.S.B.N./Banco dei Poveri, patr. g. di terze, matr. 514. Partita di 3 ducati 2 tarì e 10 grana, estinta il 26 gennaio 1745)

Aniello Fontana

"*Si facci polisa di D. 8 ad Aniello Fontana chiavettiero per diversi lavori di mascature fatti alle suddette case* (di nostro Banco) *come dalla lista e relazione suddetta* (dell'Ingegner Giovanni del Gaiso)".

(A.S.B.N./Banco dei Poveri, patr. matr. 680 vol. concl. 2 marzo 1747, f.256)

Aniello Fontana

"*A 14 luglio. Ad Aniello Fontana chiavettiero per diversi chiave, mascature, ed altro occorrente per servizio degl'Officiali di nostro Banco D. 72.10*".

"*A I marzo. A mastro Aniello Fontana per l'accomodazione de ferri de lumi dette Quarantore D. 7.1.10*".

"*A 12 aprile. Ad Aniello Fontana chiavettiero per diversi lavori di mascature, chiavi fatte per servizio di nostro Banco giusta la nota tassata dal Regio Ingegnero Don Giovanni del Gaiso, a conclusione de 28 marzo caduto D. 8*".

"*A 7 giugno. Ad Aniello Fontana mastro ferraro per lo prezzo di diverse chiavi, fronticce, ed altri lavori di ferro fatti così nelle case site al Mercato, come sopra il Monte, giusta la nota tassata dal detto Ingegnere e conclusione de 2 del corrente D. 10.1.18*".

(A.S.B.N./Banco dei Poveri, patrimoniale matr. 950. Stato del Banco e Monte, anno 1747)

Giuseppe Mirone

"*Al Real Ministerio di S. Francecso dell'Osservanza delle Monache di questa città D. 50 e per esso a Giuseppe Mironi, mastro ferraro a conto del lavoro di ferro sta facendo per uso di detto Monistero giusto la direzione del Regio ingegnero Luca Vecchione e biglietto per esso fatto dal presente pagamento e per esso a Gennaro Oliva di Napoli*".

(A.S.B.N./Banco della Pietà, g. matr. 1963. Partita di 50 ducati, estinta l'11 ottobre 1749)

Antonio d'Aniello

"*Alli Deputati per la fabrica del nuovo sedile di Porto D. 60 e per esso ad Antonio d'Aniello li stessi che il medesimo doverà erogare, in comprare tanto ferro per doversene fare formare alcuni balconi per servizio dell'appartamenti superiori alla stanza dell'udienza della loro Piazza di Porto e quello che spen*(d)*rà nella compra di detto ferro darne conto alla loro Deputazione e per essa ut supra*".

(A.S.B.N./Banco dello Spirito Santo, g. matr. 1575. Partita di 60 ducati, estinta il 7 aprile 1751)

Nicola Torneo

"*A Don Giuseppe Marulli D. 150 e per esso a Maestro Nicola Torneo a compimento di D. 200... a conto del prezzo del ferro per le Balaustre delle Grade, Balconi et altro sta facendo nel Palazzo sito a San Biagio alli Librari del Gran Conte di Altavilla Principe della Riccia e Duca di Airola, secondo l'ordine datoli dall'ingegnere Felice Bottigliero*".

(A.S.B.N./Banco del Salvatore, g. matr. 1309. Partita di 150 ducati, estinta il 15 novembre 1754)

Nicola Torneo, balaustrata di ferro di Palazzo Marigliano del Principe della Riccia su disegno dell'ingegnere Felice Bottigliero.

DOMENICO TARANTINO

"*Al cancelliero* (canonico) *don Giuseppe Sersale D. 17 e per esso a Domenico Tarantino mastro ferraro, a complimento di D. 54, atteso D. 20 l'ha ricevuti contanti ed altri D. 17 per detto complimento se l'ha ritenuti per un trachino che per tal prezzo si ha ritenuto, restando con tal pagamento intieramente sodisfatto per aver ferrato un trachino e postovi li travicciolî*".

(A.S.B.N./Banco dei Poveri, g. matr. 1509. Partita di 17 ducati, estinta il 21 giugno 1755)

ANDREA PACILEO

"*Al Principe di Caramanico D. 100 e per esso ad Andrea Pacileo a complimento di D. 550 mentre l'altri D. 450 per detto complimento l'ha ricevuti con altre fedi di credito e contanti, tutti per conto delli lavori di ferro stà facendo per servizio nel casino e giardino di San Giorgio a Cremano e con sua firma a lui contanti per mano di notar Tommaso Sodano*".

(A.S.B.N./Banco del Salvatore, g. matr. 1362. Partita di 100 ducati, estinta il 4 febbraio 1757)

GIUSEPPE MIRONE

"*A Don Nicola Antonio Gaeta Duca di San Nicola D, 20 e per lui a Giuseppe Mirone a complimento di D. 60 e detti sono a conto de lavori fatti di ferramenti de 13 balconi alla spagnola ed altri più ordinarij serviti per il palazzo Arcivescovile di Capua con ordine di monsignor Gaeta Arcivescovo di Capua suo fratello di proprio suo denaro et per lui ut supra*".

(A.S.B.N./Banco dello Spirito Santo, g. matr. 1742. Partita di 20 ducati, estinta il 15 dicembre 1759)

GENNARO DI LEONE

"*A Giuseppe Giordano Falangola D. 20.2.4 e per lui a Gennaro di Leone e sono per prezzo di*

Particolare della cancellata della chiesa di S. Francesco dell'Osservanza delle Monache, opera che Giuseppe Mirone eseguì nel 1749 su disegno di Luca Vecchione (foto Mimmo Jodice).

cantara 1 e rotola 10 ½ lamera di ferro vendutagli per servizio della sua casa palaziata in strada dell'Ospedaletto che attualmente si sta fabricando a ragione di D. 18-50 il cantaro e resta sodisfatto".

(A.S.B.N. Banco dello Spirito Santo, g. matr. 1755. Partita di 20 ducati 2 tarì e 4 grana, estinta il 7 gennaio 1760)

Arcangelo Amitrano

"*A don Giuseppe Lubrano procuratore D. 13-6 e per esso al mastro ferraro Arcangelo Amitrano, e sono per il lavoro fatto dal medesimo di due cancellate di ferro per due finestre di rotola 31, a grana 17 il rotolo, e per rotola 32 e ½ di mascature, licchetti di porte finestre e bussola e tutto ciò che è servito per quattro nuovi quarti fatti nel Monastero di Mater Dei de Padri Servi di Maria, atteso l'altro denaro c'ha ricevuto de contanti e sono stati D. 3.2.8 e con detto pagamento resta intieramente sodisfatto e non deve altro conseguire per il sudetto lavoro e con sua firma a lui contanti*".

(A.S.B.N./Banco dei Poveri, g. matr. 1595. Partita di 13 ducati e 6 grana, estinta il 16 febbraio 1760)

Antonio Riccardo

"*A Don Antonio Capece Minutolo D. 24.4 e per esso ad Antonio Riccardo mastro chiavettiero disse a compimento di D. 44.4 che gli altri D. 20 l'ha ricevuti contanti, e tutti sono per l'intiero e stabilito prezzo delli seguenti lavori di ferro dal medesimo consignati per suo servizio, cioè D. 36.4.16 per due ferrate di ferro nuovo per la cucina del suo palazzo di Napoli, di peso cantara 2 e rotola 24 e per averne accomodata un'altra sua usata tarì 4 e per portatura delle medesime grana 44, per un catenaccio alla tedesca con tutti gli altri finimenti bisognativi per ponerlo in opera altri D. 2 per tre paia di frontizze colli chiodi D. 1.4 e per due mascature a piega colle loro chiavi e tutti gli altri finimenti bisognativi per ponerli in opera D. 2.4, li seguenti prezzi stabiliti e convenuti fra di essi fanno la suddetta somma di D. 44.4 da questi ne resta col presente pagamento esso Riccardo intieramente sodisfatto e saldato, ne' più deve esso girante altro conseguire così per li suddetti lavori come per altri per il passato essendone stato sodisfstto in contanti e per Banco in altre volte, e con sua firma*".

(A.S.B.N./Banco dei Poveri, g. matr. 1604. Partita di 24 ducati e 4 tarì, estinta il 9 agosto 1760)

Luca Sellitto

"*A don Pietro Cimafonte D. 10 e per esso a Luca Sellitto mastro ferraro, a compimento di D. 44-10, atteso l'altri D. 34-10 per detto copimento il medesimo l'ha ricevuti da esso girante di contanti, e tutti detti D. 44-10 sono per l'intiero importo saldo e final pagamento di tre grade di ferro filato a giarretta cimate, ed imprunite fatte dal mastro suddetto per ordine di esso girante per servizio del venerabile Monistero di moniche di San Montano di Gaeta, di peso assieme dette tre grade unitamente col telaro e controtelaro di ferro imprunito per il portellino, in una di esse, e piastra d'ottone per la mascatura, due chiavi e mascatura suddetta rotola 98, che a raggione di grana 45 il rotolo, per compra di ferro, sfranto, carboni, limatura, imprimitura, conduttura ed ogn'altro accomodo per il totale compimento di dette tre grade e da detta raggione importano la suddetta somma di di D. 44 e grana 10 onde con detto pagamento, resta detto Luca intieramente saldato e sodisfatto per dette tre grade, portellino, mascature e chiavi come sopra senza che possa altro pretendere tanto da esso quanto da detto Monistero, così per questa come per qualsiasi altra causa; e con sua firma per mano del notar Gennaro Maria del Re di Napoli a lui contanti*".

(A.S.B.N./Banco dei Poveri, g. matr. 1607. Partita di 10 ducati, estinta il 26 settembre 1760)

Cristofaro Panza

"*Alli governatori del Monte delle Missioni D. 1.2.8 notata fede a 15 decembre 1766 foglio 12 dicembre 1766 D. 597.2.19 e 15 detto D. 314.11, li pagherete al Signor Marchese di Ruggiano Governatore dell'opera Dell'infermi per spenderli in servizio di detta opera napoletana decembre 1766. Principe di Gesualdo Governatore – e per lui li retrodetti D. 1.2.8* (li pagherete) *a Cristoforo Panza, e sono cioè tarì 4.10 per tre conche di ferro fatte nuove e tre scaldini, tarì 2 per una conca di ferro nuova per la braciera e per l'accomodo de piedi della suddetta, grana 14 per una paletta di ferro nuova e grana 4 per porto di dette robbe servite dette robbe per uso del guardarobba, che il nostro monte tiene nell'ospedale degl'Incurabili. Qual pagamento se li fa in rigore d'appuntamento de 9 dicembre 1766 al quale se refere, e resta intieramente sodisfatto per la causa suddetta. Napoli dicembre 1766. Il Marchese di Ruggiano per altri tanti = Cristofaro Panza. Per esso non saper scrivere per mano di me Notar Vincenzo Nardi di Napoli*".

(A.S.B.N./Banco dei Poveri g. matr. 1723. Partita di 1 ducato 2 tarì e 8 grana, estinta il 14 gennaio 1767)

Antonio del Fino

"*Alli Eletti della fedelissima città di Napoli D. 12.4.12 notata fede a 7 Gennaro 1767 D. 1143 della fede di 3 Gennaro 1767 D. 273-1 a 7 detto D. 20 pagherete al mastro ferraro Antonio del Fino non esser tenuto il medesimo a ripigliarsi tutti i ferri fatti per il lampione di questa fedelissima città, senza poter altro che pretendere dalla medesima giusta la relazione fatta dalli Regij Ingegneri Ordinatarij di detta Città a mastro detto, in piè di esso che si conserva fra le scritture del nostro tribunale li 7 Gennaro 1767 - Marchese di Sanvito - Principe di San Severo - Conte della Rocca - Marchese dell'Oliveto Giovanni Lembo = Antonio del Fino, per esso non saper scrivere di sua volontà, per mano di me notaro Michele Sappelli di Napoli*".

(A.S.B.N./Banco dei Poveri, g. matr. 1723, Partita di 12 ducati 4 tarì e 12 grana, estinta il 7 febbraio 1767)

Gaetano Boschi

"*A Don Francesco Crivelli Duca D. 11.2.14- notata fede a 24 dicembre 1766 visto 568 della fede del 2 settembre 1766 D. 874.17 a 23 decembre detto D. 26.4.13 pagate al mastro chiavettiere Gaetano Boschi per tanto hanno importato le ferrature, mascature ed altro occorso alle due bussole servite nel mio appartamento, e sono cioè D. 2 per quattro frontizze a croce, e due di esse fatte a caraco e suoi chiodi limati D. 1.1 per diciotto staffe piegate a quatra per mantenere li telari di dette due bussole in faccia alle porte, grana 58 per diciotto vite col capo mezzo tondo e diciotto chiodi col capo sbasato per formare dette staffe, D. -60 per quattro zeccole lunghe palmi 1 e ¼ con bottoni e fermate sopra piastre e suoi chiodi limati per li piedi del telaro maestro, D. 4 per due mascature a balestra con piastra con tornita di ottone, e pomi simili e sua manicella similmente d'ottone, D. 1.1 per tre ferri per le tende delle finestre di più misure e con tromba nel mezzo, fatte sei scive con vite e quattro delle medesime con chiodi piegato ed altro, grana 80 per sei pulegge d'ottone tornite per altre quattro casse di ferro a due a due, indoratura per ciascheduno, due ad una inforratura, e con perno a vite e con ponticello servono per fare il tiro alla francese a detti ferri, e grana 20 per avere accomodato la serratura del passetto, con montarla e farci il bottone per aprire e serrare, mentre con tal pagamento resta intieramente saldato e sodisfatto per detta causa e sino alla presente giornata.*

Napoli 23 decembre 1767 - Francesco Crivelli Duca - Gaetano Boschi, ita est ego notarius Vincenzo Montella de Naepolis".

(A.S.B.N./Banco dei Poveri, g. matr. 1723. Partita di 11 ducati 2 tarì e 14 grana, estinta il 7 febbraio 1767)

Alessio Attardo

"*A Don Francesco Crivelli D. 11.4.14 notata fede a 14 maggio 1767 v. 1275 della fede de 26 gennaro 1767 D. 208.1.10 a 14 marzo detto D. 18 – pagate al ferraro mastro Alesio Attardo, dite sono cioè D. 11-34 prezzo di rotola 42 ferro lavorato, cioè in quattro colonne e 6 bacchette per uso del letto alla francese alla ragione di grana 27 il rotolo e grana 60 per nanifattura d'un paro di scanni e 12 scive servite per detto armaggio alla francese, mentre col presente pagamento resta intieramente saldato e sodidfatto, né deve altro conseguire. Napoli 12 marzo 1767- Francesco Crivelli Duca – per altri tanti – mastro Alesio Attardo per esso non saper scrivere di sua volontà per mano di me notar Francesco Maria Castellano di Napoli*".

(A.S.B.N./Banco dei Poveri, g. matr, 1723. Partita di 11 ducati 4 tarì e 14 grana, estinta il 28 marzo 1767)

Nicola Pace

"*A Padre Gaetano Maria Catalani D. 34-5 – motata fede a 14 marzo 1767 v. 1301 della fede de 16 gennaro 1767 D. 204.2.8 a 14 marzo detto D. 425 – pagate a Nicola Pace mastro ferraro, dite li pago in nome e parte, e di propri denari della pannaria commune della congregazione di San Giovanni a Carbonara, e sono a compimento di D. 119-5 atteso gl'altri D. 85 per detto complimento li ha ricevuti con polisa per lo stesso nostro Banco in testa di me sottoscritto a 6 settembre 1776, e tutti li detti D. 119 - 5 sono per l'intera soddisfazione e pagamento di tutti li lavori di ferri, di ferranemti compiti fatti tutte bussole grandi e picciole di mascature, chiavi, scuti, frontizze, licchetti, e zeccole per ferramenti fatti a diverse porte interiori, e finestre, alle porte delle rimesse dell quartin, i de bassi, e del portone anche di mascature, chiavi, scuti, grappe, croci, licchetti, licchettoni e zeccole per gratiglie fatte a più fornacelle, anelli inchiodati nelle pietre del cortile e nelle stalle ed ogni altro lavoro di ferro serviti li suddetti di ferro nella casa palaziata, che possiede la panneria commune suddetta com'erede fu Don Domenico Cestari, sita in questa città, e propriamente nella strada grande di S. Giovanni a Carbonara giusta la misura ed apprezzo de suddetti lavori di ferro dal magnifico Tavolario del Sacro Regio Consiglio Gaetano di Tommaso destinato dallo stessso Sacro Regio Collegio alla direzzione di tutte le rifazioni, ed accomodazioni che si sono fatte alla casa suddetta, col qual pagamento resta detto mastro Nicola a pieno saldato e sodisfatto di tutti li lavori suddetti, né altro resta a conseguire, e così pagherete con firma autentica - Padre Gaetano Maria Catalani - Nicola Pace. Ita est Notarius Fortunatus Coppa de Neapoli*".

(A.S.B.N./Banco dei Poveri, g. matr. 1723. Partita di D. 34 e grana 5, estinta il 28 marzo 1767)

Angelo Landi

"*Banco pagate ad Angelo Landi mastro ferraro D. 20-11 per tutti li ferri da esso fatti per uso delle vetrate nella casa di nostro Monte ultimamente rimodernata ed abbellita alla Calata della Pietra Santa verso la Cappella del Signor Principe di San Severo giusta il certificato ed apprezzo delli Ingegneri del nostro Monte al quale se refere e resta intieramente sodisfatto per tal causa. Napoli maggio 1767. Li Governatori del Monte del quondam Vincenzo della Monica, Filippo della Monica, Giovanni David*".

(A.S.B.N./Banco dei Poveri, filza. Polizza di 20 ducati e 11 grana, estinta il 18 maggio 1767)

Giovanni D'Adamo

"*A Don Modestino Mappa D. 3.1.10 notata fede a 20 maggio 1767 v. 317 dalla fede de 29 novembre 1765 di D. 1000 - 1 a 7 aprile 1767 D. 110 - pagate a mastro Giovanni D'Adamo ferraro a compimento di D. 38 atteso li mancanti D. 34.70 l'ha da me ricevuti in contanti, e tutti detti D. 38 sono per prezzo e valore d'un galessino ad un luogo per mio uso e con detto pagamento resta intieramente sodisfatto, così per questa, come per ogni altra causa*".

(A.S.B.N./Banco dei Poveri, g. matr. 1723. Partita di 3 ducati 1 tarì e 10 grana, estinta il 29 maggio 1767)

Emanuele Coppola

"*A Don Giorgio Grimaldi D. 17.3.15 fede 15 giugno 1767 e per me li pagate al Magnifico Emanuele Coppola ferraro a compimento di D. 57-75 avendo ricevuti gli altri per Banco e in contanti, dite sono a saldo e final pagamento del cancello di ferro fattomi e posto in opera nel mio casino, sito nel casale di San Giorgio a Cremano di peso rotola 275 incluse le sue chiavi, che si è pagato alla ragione di grana 21 il rotolo, secondo i patti contenuti nella prima girata, onde resta sodisfatto, né altro deve da me conseguire per questo o per altra causa*".

(A.S.B.N./Banco dei Poveri, g. matr. Partita di 17 ducati 3 tarì e 15 grana. Estinta il 6 luglio 1767)

Giovanni Battista Barracano

"*Alli Governatori della chiesa ed ospedale di S. Nicola al Molo D. 10.3.15 – notata fede a 16 corrente- e per essi a Giovan Battista Barracano mastro ferraro, e sono così per il prezzo di tutti i ferramenti da esso a sue spese fatti nella detta chiesa ed ospedale e sue case come anche di tutto l'occorso di ferro nella rifazione del campanile della chiesa medesima giusta due note esibite a parere loro dal Regio Ingegnere Don Francesco Scarola perito di detto ospedale ed ordine delli Governatori Deputati e resta sodisfatto per detta causa*".

(A.S.B.N./Banco del popolo, g. matr. 2134. Partita di 10 ducati 3 tarì e 15 grana, estinta il 28 marzo 1777)

Giuseppe Mirone

"*Ad Antonio Spinelli di Fuscaldo D. 20 e per esso al mastro ferraro Giuseppe Mirone, disse esserno a saldo e final pagamento di D. 40, atteso gl'altri D. 20 l'ha egli da esso girante ricevuti con altro polisino di detto nostro Banco, notata fede a 22 ottobre 1759, in cui dissi pagarli detta*

Copertina della fonderia di ferro Arena & Esposito, fondata nel 1875, sita in via Arenaccia al Trivio.

summa in conto della balaustrata di ferro, che gli stava facendo nella nuova loggia del suo quarto del suo palazzo. E tutti detti D. 40 sono per intiero importare e prezzo di tutta detta balaustrata in peso in tutto cantara tre e rotola 24 e mezzo de quali un cantaro e rotola 86 sono di ferro da detto mastro postoli e l'altro cantaro e rotola 37 se li sono da esso girante dati, inclusi in detti D. 40 tutta la sua fattura o sia lavorazione di tutti detti cantara e rotola 24 e mezzo e parimenti portatura di dette balaustrate, piombo per impiombatura e catenaccio ed ogni altra cosa, resta perciò con tal pagamento di detti D. 20 complito di D. 40, detto Giuseppe Mirone da esso girante intieramente pagato, sodisfatto e senza di aver'altro che pretendere, così per detta causa che per ogni altra, niuna affatto eccettuata ed esclusa, salvo ogni pretesto o colore, e li pagassimo con firma autentica per mano di notar Francesco Crescenzo de Luca di Napoli, a lui contanti".

(A.S.B.N./Banco dei Poveri, g. matr. 1589. Partita di 20 ducati, estinta il 18 dicembre 1789)

Gioacchino Leone

"*A Giovanni Chynsolia per lui pagate al maestro ferraro Gioacchino Leone D. 9, sono per valuta di un lettino nuovo di ferro di peso rotrola 59, verniciato e con li quattro pomi d'ottone inclusi in detto prezzo*".

(A.S.B.N./Banco di Sant'Eligio, vol. banc. Polizza di 19 ducati, estinta il 30 agosto 1797)

Forme di cannoli di bronzo per la distribuzione delle acque alle fontane ed formali.

Antica misura delle sezioni di tubature di Napoli nel '400.

Filippo Del Buono, figurista del Real Teatro S. Carlo, uniformi degli uscieri dei dazi indiretti (A.S.N./Ministero delle Finanze, busta 14109, fasc. 4159, anno 1859).

La corporazione dei ferrari

I mastri ferrari, come i falegnami, i pipernieri e le altre arti del Regno, erano arganizzati in associazioni di categoria dette corporazioni, che autoregolandosi si amministravano attraverso una serie di capitoli.

Alla corporazione dell'Arte dei ferrari facevano capo non solo i maestri di questi specifico settore, ma anche i "*cortellari, spatari, scopettieri, chiavettieri, caldarari, brigliari, speronari et indoratori di ferri di questa magnifica et fedelissima Città di Napoli*"[3]. Successivamente si aggiunsero anche i "*ferracocchi*", "*zappari*" e "*ramari*".

La corporazione venne fondata mediante un "*privilegio in forza Rege Cancelleria*" del 1482 concesso da Re Ferrante. Fu poi confermata nel 1536 con altro privilegio "*dell'Invittissimo Imperatore Carlo V*", e con supplica al Vicere Conte di Lemnos, nel 1718, si apportarono alcune aggiunte e modificazioni.

L'attività della corporazione era amministrata da un organo collegiale definiti *Governtori* e da un documento conservato presso l'Archivio di Stato di Napoli, "*Capitolazione arti e mestieri, pro cappella Sant'Eligio Artium Ferrariorum cum nonnullis trasgressoribus Capitolationum dicatarum artium*" si apprende che nel 1626 vi erano 10 governatori o consoli uno per ogni arte:

Bottega di ferrari nel '700, incisione dall'Enciclopedia di Diderot e D'Alambert (sec. XVIII).

[3] A.S.N./Cappellano maggiore, vol. 1183, fasc. 65, 9 settembre 1718,

Desidero riportare, per la curiosità del lettore, una polizza di pagamento della fine del Cinquecento relativa ad un maritaggio: "*A Giovan Domenico Persico, Battista Bononome, Silvestro Micone, Armillao Maddalena e Giuseppe d'Aiello consoli delli ferrari D. 18 et per loro a Giovan Berardino Sansone marito di Laura Ferrella figlia de Jacovo Ferrillo ferraro, dissero se li pagano per la dote sole dare la Cappelle de li ferrari a le figlie de mastri matriculati ferrari, stante che ha data pleggiaria di quelli restituire in caso di dissoluto matrimonio senza figli presa per notar Giovan Battista de Leonardis a lui contanti*". (A.S.B.N./Banco di Sant'Eligio, g. matr. 5. Partita di 18 ducati, estinta il 19 luglio 1596).

Facciata della Cappella della Corporazione dei ferrari detta S. Eligiello ai Chiavettieri.

"Alessandro Marcelli dell'arte dei scoppettieri
Gennaro Patierno dell'arte dei ramari
Onofrio Duni dell'arte dei ferracocchi
Carmine Amoroso dell'arte dei chiavettieri
Francesco Buonocora dell'arte piccola dei chiavari
Eusebio Pisano dell'arte dei brigliari
Matteo Monetta dell'arte dei cortellari
Nicola Celentano, Onofrio Salomone dell'arte dei spadari
Paolo Praio *dell'arte grossa dei zappari.* Col tempo si aggiunsero anche i *doratori di ferri*".

Domenico Fontana, come i suoi colleghi, fu assoggettato a queste norme che i quattro Consoli dell'Arte, democraticamente eletti dalla corporazione facevano rispettare. Egli forse fu "*examinato et approbato dalli Consoli seu quattro dell'Arte de loro Cappella fundata et constructa dentro al Chiesa Maggiore di Sant'Eligio di questa città*"; Dovette versare anche la quota prevista per poter esercitare il proprio mestiere.

Forse, poiché come più innanzi vedremo il Fontana quale figlio di mastro ferraro, per mezzo di un apposito capitolo, era esentato dall'esame e dal dover pagare la tassa prevista.

Non sfuggì però al versamento settimanale che di sabato in sabato, doveva pagarsi a "*beneficio di detta Cappella et opere pie che in quella si fanno in grano* (moneta) *poiché per li tempi necessitosi li poveri sono moltiplicati et l'elemosina d'uno tornese è sufficiente a supplire al bisogno*". Tale somma serviva anche per la manutenzione della Cappella e per i *2 maritaggi di povere donzelle figlie dell'homini di dette Arti subventione et aiuto di poveri infermi di detta Arte, et d'altre opere pie et caritative ch'in detta Cappelle se fanno et in Dies se faranno*"[4].

La corporazione soppravvisse ancora sino al 6 aprile 1819, allorquando il Ministro dell'Interno e Polizia, accogliendo la richiesta di alcuni mastri ferrari e ferracocchi, abolì l'antica corporazione e capitolazione dell'Arte dei ferrari, facendo salva, sempre ai medesimi la facoltà di iscriversi alla cappella per l'esercizio degli atti di pietà e beneficenza.

La cappella nella quale si erano congregati i ferrari, dalla fondazione della corporazione, era ospitata nella chiesa di Sant'Eligio Maggiore al Mercato. Successivamente, cioè verso la fine del quattrocento[5], si trasferirono in una chiesetta del Salvatore, sita in via dei chiavettieri al Pendino, oggi via Cesare Sersale. Il nome della strada derivava dal fatto che vi si erano istallati molti rappresentanti di quest'arte minore del ferro. Questa strada era detta in precedenza strada d'Ercole, poiché il

[4] A.S.N./Ministero Interni, secondo inventario fasc. 5199.
[5] Aspreno Galante, *Guida sacra della città di Napoli*, Fibreno, Napoli, 1872.

D. Fontana, fiore dorato (coll. priv.).

popolino l'aveva così denominata grazie all'esistenza di un tempio a lui dedicato di cui nel '700 ancora si potevano ammirare tre colonne.

Invero la piccola cappella antichissima fu edificata nella piazza d'Ercole (poi dei Tarallari), da Maria d'Ercole della nobile famiglia del seggio di Montagna. Con il trasferimento della corporazione si chiamò Sant'Eligiello ai chiavettieri dell'arte dei ferrari[6].

Nel Regno delle Due Sicilie il ferro non poteva vendersi liberamente poiché le regioni che possedevano i giacimenti ferrosi erano controllati e soggetti alla Regia Corte, e se poi, una volta estratto il ferro, lo si voleva vendere, ci si doveva rivolgere alla Regia Dogana, in quanto sul ferro gravavano le tasse degli arrendamenti.

Questi erano degli appalti, dal termine spagnolo *arrendar,* ossia appaltare, e poiché il governo del Regno aveva moltissimi arrendamenti non era in grado di esigere tutte le varie entrate fiscali per cui le cedeva vendendole ai nobili, grandi mercanti e istituti religiosi, per riceverno in cambio *anuue entrate*[5].

Fra i maggiori arrendamenti oltre quello del ferro comparivano quello dei sali, delle sete, dei saponi, dei tabacchi e delle carni.

Per il ferro vi era quello dei "*ferri vecchi e nuovi, grezzi e lavorati*", più ancora *gli* "*acciai, gli acciaroni*"e i cosiddetti "*pomerali*". Questi erano tutti oggetto di privativa e come tali venivano arrendati.

All'uopo erano stabiliti tre arrendamenti, dei quali il primo comprendeva i ferri di Terra di Lavoro, le Calabrie e i due Principati: Citra e Ultra; il secondo invece si riferiva a quello della Terra d'Otranto, la Basilicata e la terra di Bari; il terzo comprendeva la terra d'Abruzzo, la Capitanata e il Contado del Molise.

La libera vendita era naturalmete vietata, infatti veniva considerato contrabando. I possessori di tali generi di privativa, siano tenuti a farne denuncia ai govenatoti

[6] A.S.B.N./Banco delle due Sicilie, Cassa Spirito Santo, vol. bancali. Polizza di 24 ducati e 80 grana, estinta il 21 gennaio 1853).

degli arrendamenti correlativi e, volendo commerciarli erano tenuti a depositarli nei fondaci e sottofondaci a ciò destinati[6].

Gli arrendatori si organizzavano autonomamente per l'esazione, utilizzando il proprio personale e, naturalmente, l'acquirente al dettaglio non solo pagava il costo del ferro, ma anche l'aliquota o tassa da versare allo stato e in più un agio all'arrendatore che doveva quadagnarci su.

A mo' di esempio riportiamo un documento in cui sono annotate alcune operazioni effettuate sull'arrendamento del ferro del secolo XVII.

Trascrizione:

Ferri d'Otranto, Bari et Basilicata

Ad Isabella et Prudenzia Squillante per annui D. 8___10
Che possiedono sopra detto arrendamento a vita de Monsignor Paolo
Squillante li sono state pagate l'infrascritte quantità
de denari con diversi mandati Generali per il
Banco del Popolo cioè___

1656 a 10 Gennaro per detto Banco grana a 35 D. 2.4.3 a 18 febbraio per Bajano
1657 a 3 ottobre per detto Banco a grana 100 D. 8__10 ad 6 ottobre del detto pagato Falanga
a 26 detto per detto Banco a grana 27 D. 2__18
1658 a Primo giugno per detto Banco a grana 20 D. 1.3.2
1659 a 17 febraro per detto Banco a grana 32 D. 2.2.19

Margarita Carafa(?) 17. 1. 03
2. 4. 3

Si ringrazia il Presidente dell'Associazione Amici degli Archivi Giulio Raimondi, per aver concesso la pubblicazione del documento depositato presso l'archivio dell'Associazione.

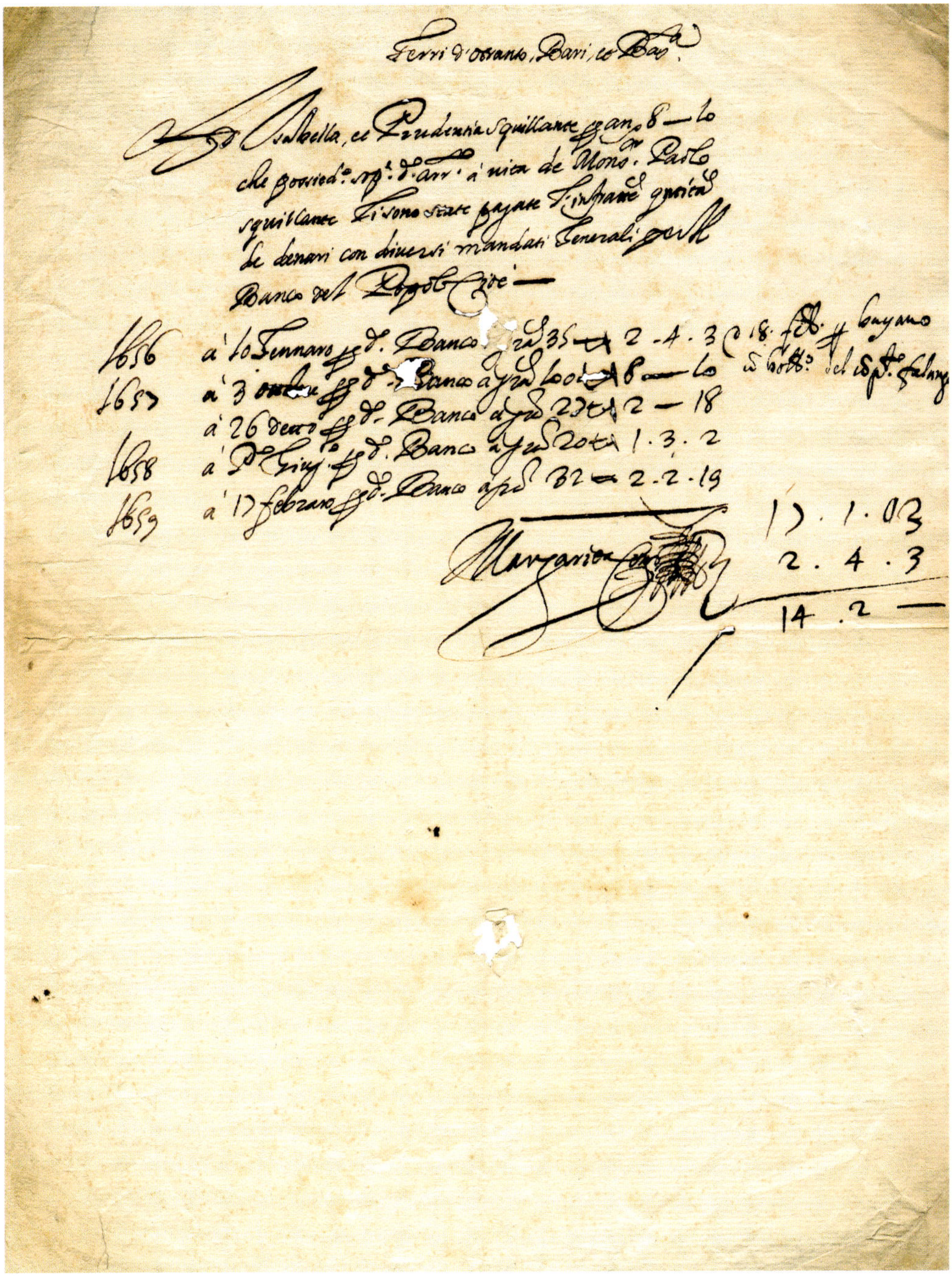

Ferri d'Otranto, Bari, et Basil.ta

Isabella, et Prudentia Squillante gan.o 8 — 10
che possied.o sop.a d.o arr.e a nita de Mons.or Paolo
Squillante li sono state pagate l'infrascr.e quantità
de denari con diversi mandati Generali per il
Banco del Popolo cioè —

1656 a' 10 Gennaro per d.o Banco [illegible] 35 — 2.4.3 [illegible]
1657 a' 3 [illegible] per d.o Banco [illegible] 100 — 8 — 10
a' 26 [illegible] per d.o Banco [illegible] 23 — 2 — 18
1658 a' [illegible] per d.o Banco [illegible] 20 — 1.3.2
1659 a' 17 febraro per d.o Banco [illegible] 32 — 2.2.19

17.1.03
2.4.3
14.2 —

Margarita [illegible]

Documento di un arrendamento, Archivio Associazione Amici degli Archivi, sec. XVII.

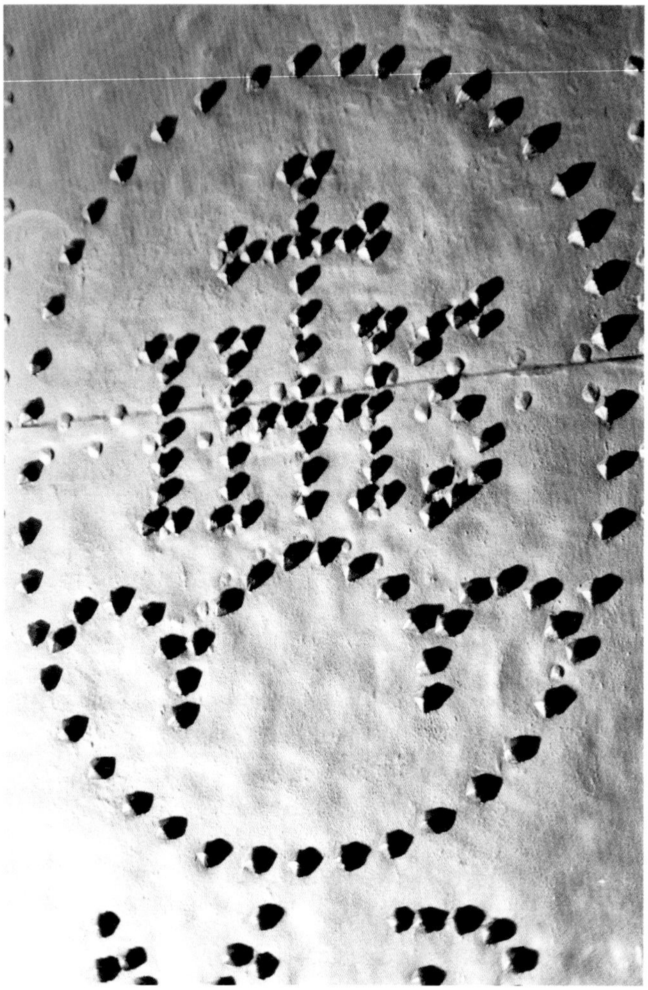

D. Fontana, particolare porta blindata del Banco dei Poveri con il trigramma di Gesù.

Altri particolari con le iniziali delle parole "Nostra Domus" e "Mons Pauperum".

Domenico Fontana
Elementi biografici

Ardua è stata la ricerca per poter ritrovare dati ed elementi biografici su Domenico Fontana. Per quanto concerne la nascita si possono soltanto fare delle supposizioni, confortati da quanto normalmente avveniva in passato circa il tramandarsi le arti ed i mestieri da padre in figlio, per cui c'è motivo di ritenere che Domenico fosse il figlio di quel tale Aniello Fontana "*capo mastro ferraro*" molto richiesto dagli architetti dell'epoca, che aveva lavorato nella prima metà del '700 per il Sacro Monte e Banco dei Poveri[7], per la Congregazione di Santa Maria delle Anime del Purgatorio ad Arco[8]. Aniello fu molto probabilmente figlio di mastro Costanzo Fontana che operò nell'ultimo quarto del Seicento quando ricevette "*26 ducati per l'intiero prezzo di tutti li ferri per li stipi, balconi, fronticce fatti da esso così di chiave e mascature fatte per il Monte de Signori di Ciarletta*" (A.S.B.N./S. Giacomo, g. matr. 664. Partita di 26 ducati, estinta il 20 novembre 1696).

Aniello fu poi chiamato dalla Real Casa Santa della Redenzione de Cattivi nel 1734[9]; nel 1735 eseguì i lavori nelle case di Orazio Arena[10] e nello stesso anni operò sotto la direzione di Niccolò Tagliacozzi Canale nella ristrutturazione e restauro

[7] A.S.B.N./Banco dei Poveri, patrimoniale, vol.di conclusioni matr. 680, 2 marzo 1747, f. 256 e 2 giugno 1747, f. 273.

[8] Giuseppe Fiengo, *Organizzazione e produzione edilizia a Napoli all'avvento di Carlo di Borbone*, E.S.I., Napoli 1983, p. 160.

[9] Ibid., p. 153.

[10] Ibid., 172.

[11] Ibid., 193.

A sinistra: D. Fontana, globo di rame e croce in ferro dell'oratorio del Sacro Monte dei Poveri.

A destra: D. Fontana, licchetti a balestra del portone di Palazzo Riccia. Foto Murizio Capunzo.

del palazzo Mastelloni al Largo Carità la cui committenza gli fruttò ben 10000 ducati[11]. Per i Governatori del Banco dello Spirito Santo poi eseguì molti lavori tra i quali una bella rosta[12].

Domenico subentrò al padre nei lavori della sua arte sia presso Santa Maria delle Anime del Purgatorio ad Arco, nel novembre del 1750 sia al Banco dei Poveri dal 1752[13], di cui fu il "ferraro" di fiducia per tantissimi anni.

Supponendo che a tale data avesse tra i 20 e i 25 anni, possiamo ipotizzare una data di nascita che va tra il 1715 e il 1725, il luogo di nascita fu certamente Napoli.

Abitò nella regione di Capuana "*alle case nuove della Pace*"[14], come risulta da un'autentica della sua firma del 1760 e propriamente dirimpetto all'ingresso secondario dell'Ospedale di Santa Maria della Pace dei frati minori di San Giovanni di Dio detto Fatebene fratelli[15].

Nel 1775 si trasferì nella sua nuova casa sita al Cavalcatojo, fuori Porta Capuana, nella quale fece dei lavori di ristrutturazione.

Domenico aveva due fratelli: Giovan Battista e Giuseppe, anch'egli mastro ferraro, col quale talvolta collaborò, come nel caso dei lavori per la costruzione dei ferri forniti per la fabbrica del nuovo Sedile di Porto.

In quella occasione emerse la maggiore bravura di questo artigiano rispetto alla media. Il lavoro venne eseguito da un *pool* di mastri ferrari tra i quali compaiono Francesco Di Marco, Gennaro Mancuso e Giuseppe Fontana "*giusto il disegno… sottoscritto dal detto Domenico Fontana, atteso li suddetti altri maestri non sanno scrivere*"[16].

L'opera di Domenico non si limitò solo alla realizzazione di Cancellate, chiavi, serrature, balconate ed altre cose simili, ma affrontò la fabbricazione di congegni di una certa difficoltà ove, tra l'altro, si richiedevano doti particolari di abilità e precisione.

Fu così che nel 1779 ricevette dal Banco dei Poveri 12 ducati e rotti per "… *tutti li lavori di ferro spesa d'ottone e piombo da esso fatta per det*(t)*o lettorino del libro maggiore di terze*"[17]. Ma già nel 1772 aveva fatto per lo stesso Banco "… *un torchio nuovo per impri-*

D. Fontana, monachetti e guancio.

[12] Ibid., 194, 195; cfr. Diodato Colonnesi, *Le roste napoletane del '600 e '700*, Idelson, Napoli, 1989, p. 37.

[13] Il Monte dei Poveri sorse a Napoli nel 1563, per soccorrere quelli che venivano carcerati per debiti. Nel 1599 il Monte si fuse con la Compagnia del Santissimo Nome di Dio, dando così luogo al Sacro Monte dei Poveri nel Nome di Dio. Il nuovo Monte a partire dal 1600 cominciò regolarmente a raccogliere depositi e a fungere da Banco nella città.

Nel 1609 assunse la denominazione di Monte e Banco dei Poveri. Nel 1616, a seguito dell'accresciuta clientela, cambiò la propria sede trasferendosi dall'angusta stanzetta della Gran Corte della Vicaria, dove originariamente era allocato, nel palazzo acquistato da Gaspare Ricca in via dei Tribunali.

La sua attività proseguì ininterrottamente sino all'avvento dei napoleonidi sul trono di Napoli.

Questi però nel 1806 lo soppressero attuando la riforma dei Banchi Pubblici. A pertire dal 1819 si convenne, con Regio decreto di Ferdinando I di Borbone del 23 novembre, di raccogliere nel palazzo tutte le scritture degli antichi istituti dei credito, destinandolo ad Archivio Generale. Ed ancora oggi conserva tale funzione col nome di Archivio Storico del Banco di Napoli (cfr. L'archivio Storico del Banco di Napoli – una fonte preziosa per la storia economica, sociale e artistica del Mezzogiorno d'Italia – Napoli, 1972; Premessa all'inventario delle scritture patrimoniali del Sacro Monte e banco dei Poveri (1563-1808), *mere il sugello delle fedi di credito col suo bastone di sopra, chiavetta e zeppa per tenuta di detto torchio, tirata tutta a forza di lime e sua politura*"[18].

Formò, sempre nel 1772, per l'amministrazione del Banco dei Poveri, anche "*... diverse forbici di ferro e acciaio ed altro... occorso per servizio di nostro Banco in occasione di tagliare la moneta tosata*[19] *per ritirarsi nostro Banco nella cassa di Cambio*"[20].

Nel 1783 è già definito "*apprezzatore di rame*" e per gli uffici della Razionalia e Guardaroba pei quali "*combra dei bragieri d'ottone*".

Nell'anno 1797 si ammalò, secondo quanto si legge nel libro delle conclusioni: "*Domenico Fontana esercitava l'officio di apprezzatore de pegni graziosi e con l'interesse del nostro Sacro Monte. Resti giubilato colli restanti ducati 210 che attualmente ritrovasi godendo, cioè D. 250 per quindeci provisioni di D. 10 e D. 60 che si pagano alla sua persona mettà a Pasqua e mettà in Natale, da pagarseli nel mandato dei giubilati, alla ragione dei D. 17, 50 al mese del primo del venturo aprile, quale riduzione di giubilare il sudetto Fontana si è presa per la ragione di ritrovarsi da moltissimo tempo accagionato di salute, e giacente in letto in istato di non potere più intervenire nel nostro Banco per esercitare detto suo officio*[21].

Il 12 luglio 1798 il Monte dei Poveri sostituì Domenico con un nuovo mastro ferraro di nome: Salvatore Manzo[22]. L'ultimo suo lavoro, quindi, fu quello eseguito per la Giunta dei Banchi nel 1796.

Domenico fu un artigiano longevo: visse fino al 26 luglio 1809, data in cui lasciò la moglie Nicoletta De Stefano, la figlia Gaetana[23] e i figli maschi Don Giuliano sacerdote, Felice e Marco.

Di lui leggiamo in un documento una testimonianza documentale dell'otto luglio 1762, in cui per la scorrevolezza del periodo sembra quasi sentire addirittura la sua voce che dice: «*Si dichiara da me sottoscritto di aver ricevuto dal Banco e Monte dei Poveri diverso ferro vecchio di peso cantara 8 e rotola 49, vendutimi da detto Banco alla ragione di ducati 11 il cantaro, così apprezzato dal magnifico Giovanni del Gaiso ingegnere, per doverglieli bonificare dal prezzo di lavori di ferro, che sto facendo per la fabrica di detto Banco, ed a cautela. Domenico Fontana*».

A.S.B.N./S. Giacomo, g. matr. 664. Partita di 26 Ducati, estinta il 20 novembre 1696.

Napoli, Archivio Storico del Banco di Napoli, 1980. Cfr. Banco dei Poveri Patrimoniale vol. di conclusioni matr, 143 ex 680, ff. 256, 273, 308.

14 A.S.B.N./Banco dei Poveri, g. matr. 1068. Partita di 20 ducati 1 tarì e 4 grana, estinta il 21 maggio 1760.

15 Cfr. Diodato Colonnesi, *La chiesa di Santa Maria della Pace*, Fuorni di Salerno, 1980.

16 A.S.B.B./Banco dei Poveri vedi documenti pr i lavori del Nuovo Sedile di Porto.

17 A.S.B.N./Banco dei Poveri, patrimoniale vol. conclusioni, matr. 692, 6 aprile 1796, ff. 114-115.

18 A.S.B.N./Banco dei Poveri, patrimoniale, vol. conclusioni, matr, 686, 3 dicembre 1779, f. 415.

19 La tosatura della moneta avveniva riducendo la dimensione della stessa asportando uno spessore del margine.

20 A.S.B.N./Banco dei Poveri, patrimoniale vol. conclusioni matr. 685, 4 settembre 1772, f. 157.

21 Vedi documento in appendice.

22 A.S.B.N./Banco dei Poveri, patrimoniale vol. conclusioni matr. 692. ff. 564-565 del 29 marzo 1797.

23 A.S.B.N./Banco delle due Sicilie, Cassa Pietà vol. banc. Fede di credito di 110 lire, estinta il 20 aprile 1812.

D. Fontana, porta blindata del Banco dei Poveri datata 1769.

Esame delle opere

È interessante esaminare la produzione del nostro mastro ferraro che, pur se lavorò per un'ampia committenza, ebbe un rapporto costante ed importante con il Sacro Monte e Banco dei Poveri sia sotto il profilo della quantità dei lavori sia per la durata dell'impegno lavorativo (1752-1793)[24]. Tale impegno fu molto remunerativo costituendo un flusso continuo, ricevendo negli anni dal Banco un compenso di molte centinaia di ducati.

Lo spirito di rinnovamento che aleggiava intorno a quegli anni, nonché lo stato dei vecchi ferri invero deprecabile, spinse i Governatori del Sacro Monte a grandi opere di rifacimento. Siamo, infatti, agli albori del Neoclassicismo, allorquando le rotondeggianti e spumeggianti linee del leggiadro Rococò iniziano lentamente a distendersi, lasciando pian piano il passo al più lineare e schematico stile Luigi XVI.

Nonostante ciò. Napoli ebbe una folta schiera di artigiani i quali imperterriti continuarono, fino al tramonto del secolo, a servirsi di elementi decorativi legati al passato, ma il cambiamento era ormai entrato nel gusto della committenza e la nuova moda considerava sorpassato ed abusato il Barocchetto, imponendo l'adeguamento alle nuove forme neoclassiche.

[24] Vedi documento in appendice.

D. Fontana, rosta, ossia sopraportone del Palazzo Riccia in stile neoclassico.

Rilievo della rosta eseguito da studenti della Facoltà di Architettura del 1990.

Il manufatto di Domenico Fontana che maggiormente preannuncia il nuovo stile decoratico è la rosta del portone d'ingresso del Sacro Monte e Banco dei Poveri e rappresenta anche una delle più preziose testimonianze del suo lavoro.

In essa trasfonde la morbidezza delle curve del Rococò, dalla sobria interpretazione, cui fanno da contrappunto la svelta linearità degli elementi convergenti al centro con punte di lancia in puro stile Luigi XVI.

Pertanto, l'insieme risulta elegantemente imponente, rispecchiando perfettamente la transizione tra le due epoche decorative e, grazie quest'opera, Domenico viene considerato un precursore dei nuovi schemi artistici.

Un altro pezzo di particolare interesse è la porta d'entrata del secondo piano dello stesso edificio, i cui battenti sono interamente ricoperti di lamiera di ferro, appuntati da una serie di chiodi alla romana, cioè con testa bugnata, e sistemati al centro in modo da farne rilevare la data: *1769*. Compaiono anche le lettere *N D M P*, iniziali della scritta Nostra Domus Mons Pauperum ed il trigramma di Gesù *I H S*, sormontato dalla Croce chiusa in una cornice ovale sempre chiodata.

Di questo rarissimo esempio di porta blindata che chiudeva l'accesso alla stanza del tesoro dei pegni, è particolarmente interessante la serratura, apposta dal lato interno su doppio livello, mentre all'esterno un sistema di doppie chiavi unito ad una terza, dotata di copriserratura, fornisce al tutto maggior sicurezza.

Il nostro ferraro adottò completamente linee Rococo nell'elaborazione delle inferriate di balconi e finestre dalla classica forma a collo di cigno, ma come egli le definisce nei documenti d'archivio "*a pietto 'e palummo*"; nei due laterali inserisce volute e ricci legati tra loro da fascette sagomate conferendo all'insieme un effetto di particolare leggiadria. In altre parti egli sfrutta il tondino di ferro per creare una sorta di fiore dal quale dipartono dei tralci.

Anche il ferro più semplice era lavorato con piacevole cura e precisione, cosicché persino i serramenti di una porta "*pistoni*" sono così belli che richiamano da vicino le armi settecentesche quali i cani delle pistole e le impugnature delle spade lavorate a tornio.

Questa febbre decorativa che impegna nel Settecento la mente e il cuore di ogni artista-artigiano, sia esso maiolicaro, tessitore, falegniame o marmoraro, contagiò anche Domenico che forgiò le bacchette componenti la balaustrata della facciata di Palazzo Ricca[25], dove tra l'una e l'altra barra inserisce pezzi lavorati a fusione, costituiti da cornici e contro cornici sfaccettate sui quattro lati, che donano alla ringhiera un effetto estetico straordinario.

Spessissimo in passato le "*ferriate*" venivano realizzate su bozzetti disegnati da grandi architetti tra i quali Ferdinando Sanfelice, Domenico Antonio Vaccaro ed in particolar modo Niccolò Tagliacozzi Canale.

Di norma nel passato tutto si faceva in base a disegni elaborati dagli architetti o ingegneri preposti alla direzione dei lavori. Poiché nell'archivio dell'antico Banco dei Poveri, non si è rinvrnuto alcun bozzetto, riteniamo tuttavia che anche il nostro Domenico dovè lavorare sulle invenzioni disegnate dai due ingegneri incaricati dal Banco e Monte dei Poveri: Gaetano Barba e Giovanni del Gaiso.

Fra i pezzi ancora presenti nel primo cortile del Banco si distinguono le "*lustrere*" la cui eleganza è conferita da un unico elemento decoratico, ossia da un tondo con all'interno inscritto un fiore, al cui interno s'inserisce una croce ottenuta dall'intersecazione dei due ferri centrali della grata.

Il Banco non si limitò a commissionare i lavori per la propria sede, ma ponendo in Domenico tutta la sua fiducia, gli affidò anche i lavori per le proprietà che aveva dislocati in vari punti nella città. La politica d'investimento dei Banchi Pubblici, iniziata nella metà del Seicento, portò il Banco dei Poveri all'acquisto di alcuni immobili al Largo della Vicaria; due appartamenti nel vicolo di *San Biasiello alli Caserti* nel 1673 e, nello stesso anno. Altri due appartamenti al largo della Vicaria, comprensive di taverna, nonché tre unità abitative al Largo del Castello[26].

Nel 1743 acquistò dei "*bassi e camere site e poste al largo del Mercato di questa città e proprie nella strada per la quale dirittamente delli Materassari* (oggi dei Giubbonari) *seu della Capa di Napoli*"[27], *si và alla venerabile chiesa del Carmine Maggiore, denominate dette case l'Ospedale di Cola di Fiore*[28], *confinanti con l'osteria de Galli*"[29]. "*Tiene la medesima la sua facciata principale nello spiazzo del mercato ridetto, e tiene anche, altra facciata all'opposto dell'enunciata che guarda un piccolo vicoletto il quale trovasi dal Tribunale di Fortificazione rinchiuso nelli due suoi capi… e proprio all'incontro la cappelle di Re Corradino*[30].

Altri lavori fece per le case site a via Toledo, precisamente alla Taverna Penta[31] (oggi via Amanuele De Deo), per le case dirimpetto al trombetta[32], al vico della Pace; per una casa a Ponte Nuovo; per la fabbrica di San Biaseiello e per altri appartamenti alla Vicaria.

Purtroppo non è stato possibile rintracciare le case perché alcune di queste zone sono state bonificate, si fa per dire, dal Risanamento che le ha cancellate per sempre.

Un altro lavoro di pubblica committenza fu quello che esguì su incarico dei deputati del costruendo Nuovo Sedile di Porto[33]. Il termine sedile o seggio è sinonimo di piazza, poiche questi sorgevano nei larghi delle pubbliche strade, atte a

[25] Dimora cinquecentesca della opulenta famiglia dei Ricca comprata dalla nobile famiglia dei Caracciolo, fu acquistata dal Sacro Monte e Banco dei Poveri nel 1616, per una somma non eccedente i 10500 ducati (D. Colonnesi, *La chiesa di Santa Maria della Pace*, Fuorni di Salerno, 1980, p. 7 nota 2).

[26] Ennio De Simone, *Case e botteghe a Napoli nei secoli XVII e XVIII*", in "Revue Internationale d'Histoire de la Banque", n. 2, Ginevra, 1976.

[27] Strada dove fu trovata la testa detta "*Marianna 'a capa 'e Napule*" oggi fa mostra di sè sullo scalone centrale di Palazzo San Giacomo sede del Comune di Napoli.

[28] "*Essendo questo Cola un uomo ricco ma pio e da bene fondò quivi un Ospedale a proprie spese per i poveri infermi, e servirli faceva con ogni carità e deligenza. In un giorno trovandosi Cola alla pietra del pesce, trovò un miserabile scarpinello, che, a concorrenza, si comprò un pesce per tre carlini. Interrogò lo scarpinello, perché lo comprava? Rispose: per mangiarmelo; e quando stai infermo* (soggiunse Cola) *come fai? Ecco vicino* (replicò l'altro) *l'Ospedale di Cola di Fiore. Il buon uomo, a questa risposta riflettendo che la carità che faceva dava motivo alla gente bassa di crapulare, e di non pensare a quello che accader le poteva, con un modo stravagante dismise l'ospedale ed attese ad altre opere di pietà.*" (Carlo Celano, Notizie del Bello dell'Antico e del Curioso della città di Napoli, con aggiunsioni di Giovan Battista Chiarini, Napoli).

Le case del Banco dei Poveri consistevano in "*Bassi e camere site. al largo del Mercato di questa Città e proprie nella strada per la*

D. Fontana, inferriata a "piet-to 'e palummo" del Banco dei Poveri.

raccogliere una certa moltitudine di cittadini. I sedili sorsero agli inizi del 1200 e rappresentavano dei decentramenti amministrativi, più o meno come le odierne circoscrizioni comunali con i loro consigli di quartiere.

Dalla documentazione antica sappiamo che l'architettura era simile per tutti i seggi, ossia a pianta quadrata con ampi archi con gradinate e sedili in pietra. L'interno della cupola era dipinto mentre l'esterno veniva decorato con embrici in maiolica smaltata. Il Sedile di Porto, quinto in ordine d'importanza aveva nello stemma la raffigurazione di un uomo villoso chiamato Orione nell'atto di camminare armato nella mano destra di un pugnale con la punta rivolta verso il basso. In questo bassorilievo rinveinte da uno scavo, fu sistemato dove era il vecchio sedile in via Mezzocannone e alcuni hanno voluto individuare nel personaggio il leggendario Cola Pesce[34].

Nel 1743 Carlo III fece iniziare i lavori per un nuovo Sedile di Porto in via Medina, accosto alla chiesa di San Giuseppe detta dell'Ospedaletto, la cui costruzione finì nel 1759. Nel 1844 esso fu abbattuto per far posto ad un altro edificio che ospitò l'Hotel Genéve.

Nell'ambito della costruzione del nuovo sedile di Porto mastro Domenico ebbe la commissione di costruire delle inferriate disegnate dal prestigioso architetto Mario Gioffredo: "*Alli Deputati della Fabrica del Nuovo Sedile di Porto D. 73.4 e per essi a Don Domenico Fontana maestro ferraro, a compimento di D. 140.1.10 atteso l'altri D. 66.2.10 l'ha ricevuti per mezzo di nostro ed altri banchi con tre polizze de' 25 febrario, 30 luglio e 21 agosto 1755 e tutti sono per conto della ferrata che sta facendo per il loro nuovo sedile da situarsi nell'arcone dalla parte dell'Ospitaletto, ché la terza ferrata mentre l'altre due si sono già situate nelli altri due arconi e di dette ferrate ne fu fatto il disegno dal regio ingegnere Don Mario Gioffredo, che fu sottoscritto da esso maestro Domenico il quale assieme con Francesco de Marco, Gennaro Mancurso e Giuseppe Fontana ha fatto, le due dette altre ferrate a tenore del detto disegno e questo colli stesssi patti, condizzioni, dichiarazioni e spieghe contenute nell'istrumento di convenzione per le dette tre ferrate stipulato tra il maestro ferraro e la loro deputazione a 21 febraro 1753 da Don Pietro Maria Sansone di Napoli enunciati detti patti nelle polizze di pagamenti a medesimi fatti dalla loro Deputazione per le dette tre ferrate e questa terza ferrata resta tenuto detto mastro Domenico consegnarla e metterla in opera per tutto il mese di settembre 1755 dovendola fare esso solo restando riserbati alla loro deputazione tutte equamente raggioni, contro di detti mastri e ciascuno di essi… per detto istrumento di convenzione acciò non resti punto pregiudicata la medesima deputazione. E per esso ad Andrea Testa per altri tanti*"[35].

quale dirittamente dalli Materazzari (oggi via dei Giubbonari), *seu della capa di Napoli si va alla venerabile chiesa del Carmine Maggiore denominate dette case l'Ospedale di Cola di Fiore in cui vi sono grade, cortiletto, corridoi e pozzo comuni a ciascuno compadroni… tiene finestrino nel cortile dell'osteria dei Galli…*" (A.S.B.N./Banco dei Poveri, vol. concl. anni 1744/47).

[29] A.S.B.N./Banco dei Poveri, patrimoniale matr. 1061 (1771-1775), fasc. 3 busta 4 posizione 28; fasc. 5 busta 6 posiz. 43, 47, fasc. 12 bis busta 4 pos. 113.

[30] A.S.B.N./Banco dei Poveri, patrimoniale, matr. 12 bis, busta 4 pos. 113.

[31] La Taverna Penta cioè *depenta* ossia dipinta si trovava in quella che è oggi via Emanuele De Deo. In questo luogo vi nacque e visse per lunghi

Lavorò anche per la Giunta dei Banchi[36] nel 1795-96 come dai deguenti pagamenti bancari dimostrano: "*A Domenico Fontana per prezzo di tutti li lavori di ferro fatti colla sua direzione e da esso pagati per le bussole, finestre, stipi ed altro occorso per detto appartamento*"[37] ed inoltre "*... D. 8.1.18 a Domenico Fontana per presso di un focone di lamiera di ferro ed altri piccoli lavori anche di ferro fatti nelle stanze di questa Real Giunta...*"[38], ancora "*... D. 2-10 a Domenico Fontana ferraro, e sono per prezzo di numero 14 piastre di ferro servite per sostegno di quattro passamani posti alla gradetta che si as cende al quartino ove si regge la Giunta de' Banchi sita al Monastero dei Santissimi Severino e Sossio...*"[39].

Nei Lavori fatti per il Banco dei Poveri un discorso a parte meritano le chiavi. Come abbiamo visto, Fontana spesso viene chiamato "*mastro chiavettiero*" ed infatti la notevole produzione di chiavi conferma e mette in luce anche questo ramo della sua attività.

Nell'uso pratico serratura e chiave formano un insieme indivisibile nonché specialistico, ciò lo si evince anche dal fatto che nella corporazione dei ferrari vi era una specifica categoria: i *chiavettieri.*

Nel medio evo le chiavi erano relativamente semplici e massicce, caratterizzate dal cannello sottile e dalla mappa piatta e rettangolare, l'impugnatura grande e manegevole aveva forma di anello o di rombo.

Nel periodo tardo gotico l'impugnatura fu abbellita da eleganti trafori eseguiti con sottili listelli di ferro.

Nel Rinascimento, fino alla fine del XVI secolo, ci sono pervenute chiavi col cannello cavo ed impugnatura ornata con motivi di viticcio; la mappa divenuta più massiccia ebbe intagli complicati esguiti a colpi di lima.

Nell'età barocca e rococò la produzione di chiavi e serrature raggiunse il suo

D. Fontana, foraglietto con suo boccaletto.

anni il pittore Giacinto Diana e la famosa taverna venne distrutta allorquando si decise di costruire il palazzo della famiglia Lieto.

32 Il Regio trombetta era una figura particolare, fungeva da messaggero pubblico quando le autorità cittadine volevano portare a conoscena del popolo avvenimenti di varia natura sia disposizioni ed obblighi sia avvisi commerciali. L'avviso era preceduto da uno stridente squillo di tromba da ciò il "trombetta".

33 Niccolò Pesce da fanciullo amava talmente il mare da starsene dalla mattina alla sera. La madre un giorno lo maledisse per questa mania dicendogli: "che tu possa diventare un pesce". E da pesce o quasi pesce egli visse da allora con la capacità di rimanere immerso per ore o giorni in acqua. Usò l'astuzia di farsi ingoiare da grossi pesci per raggiungere i luoghi desiderati, allora con il coltello li sventrava uscendone libero. Fece molte immersioni richieste dal Re al quale descrisse i meravigliosi fondali. Ispezionò le groìtte di Castel dell'Ovo e ne riportò manate di gemme. Compì molte imprese subacquee, ultima quella di andare a riprendere una palla di cannone fatta scagliare dal Re nello stretto di Messina. Raggiantala si trovò in uno spazio vuoto senza acqua dal quale non potè più tornare e colà terminò la sua vita (Benedetto Croce, *Storie e leggende napoletane*, Laterza, Bari, rist. 1976.

34 A.S.B.N./Banco dei Poveri, g. matr. 1078. Partita di 3 ducati e 1 tarì, estinta il 16 settembre 1760.

apogeo. Nel Settecento si fabbricarono chiavi in ottone e in argento, in molti casi il mastro ferraro preparava solo la mappa mentre il cannello, talvolta scanalato e l'impugnatura, venivano fusi in ottone da mastri *ottonari* o *argentieri*. Apparvero chiavi doppie con l'impugnatura scorrevole, spesso artisticamente decorate, dove l'argento trovò un impiego diffuso. Queste furono definite "chiavi di grazia", ma avevano una funzione puramente simbolica ed erano di lavorazione eccezionalmente ricca e di varia forma.

D. Fontana, particolare della balaustrata.

La serratura era spesso munita di meccanismi segreti più o meno complicati, per garantirle dai tentativi di scasso, cosicché la toppa era talvolta nascosta e scoprirla richiedeva una serie di manovre, secondo un sistema noto solo al proprietario o al *chiavettiere* che l'aveva costruita. Esemplari di questo tipo erano diffusi soprattutto verso la fine del XVIII secolo.

Nel caso di Domenico Fontana prevalse sul gusto decorativo la funzionalità e lo spirito razionale, trattandosi di manufatti destinati ad uffici ed enti, tuttavia in esse vi è sempre quel tanto di contenuto artistico.

Altra importante committenza fu quella per la Deputazione di Santa Maria del Purgatorio ad Arco, per la quale Domenico Fontana lavorò intensamente ed assiduamente facendo per circa 14 anni ogni tipo di lavoro e non solo per la loro Chiese e succorpo, ma anche per le loro proprietà soprattutto per quelle al Mercato ed al Baglivo d'Uries. Come per i lavori del Monte e Banco dei Poveri nel nome di Dio, anche per il Purgatorio ad Arco fu seguito da ingegneri incaricati dall'istituto di seguire e verificare tutti i lavori di fabbrica: Questi furono Gaetano Vecchione e Gennaro Zizza ambedue regi ingegneri. A tal proposito citiamo il seguente documento tratto dalle scritture dell'importante Archivio Storico Purgatorio ad Arco, fondo patrimoniale (Cat. 1 cart.): "*E volendo formare tre cancellate di ferro di lavore a Mostacciuolo di longhezza palmi 5 e di altezza palmi 4 ogn'una di esse, considerato alla quantità del ferro che per essa bisogna, magistero del detto lavoro e sfriddo, ascendendo a circa cantara due e mezzo quale attendo al lavore alla ragione di D. diciotto il cantaro più o meno il suo lavoro importano D.quarantacinque, dico D. 45*

Napoli I febbraio 1759 Umilissimo e Devotissimo Servitore

Gennaro Zizza Regio Ingegnere"[40].

[35] Nel 1794 Ferdinando IV di Borbone, con Real editto del 18 settembre decise di istituire un orgasnismo chiamato "*Giunta dei Banchi*", per cercare di risolvere la grave crisi monetaria in cui si dibattevano i sette Banchi Pubblici napoletani. Ad essa il Re affidò un duplice incarico: ispettivo e organizzativo. Doveva cioè operare una revisione contabile dei debiti e crediti dei Banchi e al tempo stesso elaborare un piano che permettesse, ai sette istituti di credito, di superare le difficoltà in cui versavano.

La sovrana risoluzione fu determinata da pressanti necessità finanziarie in cui venne a trovarsi la corte. L'adesione alle alleanze europee contro la Francia rivoluzionaria e due annate di cattivi raccolti. Lo Stato fu costretto ad attingere alle casse dei Banchi e per il potenziamento dell'esercito e per l'acquisto dei grani all'estero da immettere sul mercato interno. I continui prelevamenti, non confortati da altrettanti rimborsi finirono col privare i Banchi di quel contante necessario a svolgere le normali operazioni di cassa, Da qui la necessità di creare la Giunta dei Banchi. Essa ebbe sede in un appartamento di proprietà del monastero dei Santi Severino e Sossio ed operò fino al 1798. (Dall'introduzione all'*Inventario delle scritture Patrimoniali della Giunta dei Banchi e della Deputazione degli Apodissari –1795/1809* di Maria Iengo).

[36] A.S.B.N./Giunta dei Banchi, patr.libro maggiore, matr. 1 f. 28 (ex 1551), partita di 89 ducati 2 tarì e 15 grana, estinta il 22 giugno 1795.

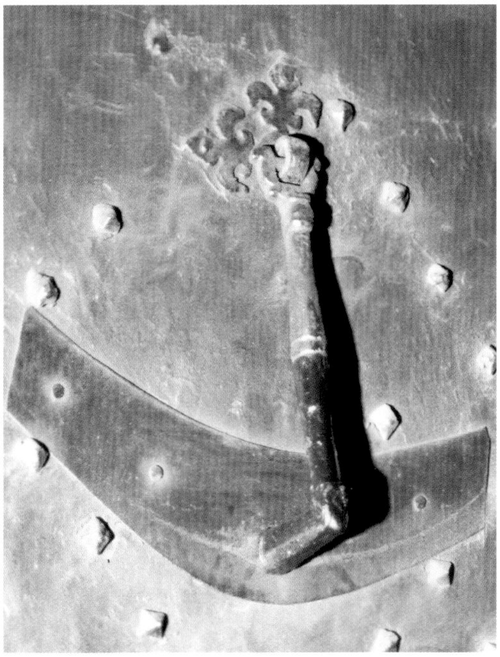

D. Fontana, batacchio del portone di Palazzo Riccia

Batacchi

Le porte e soprattutto i portoni venivano dotati di batacchi che allora sostituivano i campanelli elettrici. Anche in questo campo la fantasia dei ferrari spaziava nelle varie fogge: dalle teste zoomorfe, che sostenevano fra le fauci un anello, alle manine.

Nel Cinquecento vi erano esempi di raro contenuto artistico come quella dei due leoni affrotati insieme alla figura centrale di Sansone, altri ancora con lo stemma della famiglia proprietaria del palazzo.

Nel Seicento, comparvero nelle basi dei batacchi figure antropomorfe soprattutto di due tipi: uno con teste muliebri dai classici lineamenti l'altro dai volti maschili solitamente con trasformazioni mostruose.

Nel Settecento, oltre a una produzione aulica, con putti legati con nastri, tralci e fiori, invalse l'uso di utilizzare forme geometriche.

Domenico Fontana ne fece molti per i portoni di palazzi nobiliari, ma oggi possiamo ammirare solo quello da lui eseguito per il portale di Palazzo Ricca, sede dell'antico Monte e Banco dei Poveri e come si è detto è sede dell'Archivio Storico del Banco di Napoli e dell'Istituto Banco di Napoli.

La scelta stilistica di questo oggetto si rifà perfettamente allo stile dell'epoca neoclassica cui la capitale del Regno, sia pur con qualche ritardo rispetto ad alti stati, cominciava a ricorrere. Infatti la linearità dell'asta leggermente svasata a tronco di cono la cui eleganza è raggiunta attraverso l'intersecazione del piccolo battente ne fa un piccolo gioiello antiquariale. La piastrina da cui si diparte il batacchio tradisce ancora il gusto Luigi XV rifacendosi ai vecchi moduli Rococò.

Lavori di committenza privata

Domeico Fontana lovorò molto anche per la nobiltà, per conventi e chiese, ma soprattutto per gli enti quali il Banco dei Poveri, per i Governatori della Deputazione delle Anime del Purgatorio ad Arco, la cui chiesa a Napoli è conosciuta come "*a' Chiesa de' ccape e morte*" gli commissionarono tutti i lavori in ferro, anche quelli del succorpo che nel 1760 si andava a costruire e per il Sedile di Porto[41].

Tuttavia saltuariamente lavorò anche per la borghesia.

[37] A.S.B.N./Giunta dei Banchi, patr. g. matr. 2 (ex 1550), partita di 8 ducati 1 tarì e 18 grana, estinta il 17 dicembre 1795.

[38] A.S.B.N./Giunta dei Banchi, patr., g. matr. 2 (ex 1550), partita di 2 ducati e 10 grana, estinta il 25 aprile 1796.

[39] Vedi documenti in appendice.

[40] A.S.B.N./Banco dei Poveri, g., matr. 1069. Partita di 20 ducati, estinta il 20 ottobre 1760.

[41] A.S.B.N./Banco dei Poveri, g. matr. 1065. Partita di 11 ducati, estinta il 23 ottobre 1760.

[42] Baglivo Uries (vico e vicoletto): dalla casa del magistrato spagnolo Federico Uries, morto nel 1551, e sepolto nella chiesa di San Giacomo degli Spagnoli, allora da poco fondata. La denominazione della strada del Baglivo Uries era già in vigore nel 1567 (Gino Doria, Le strade di Napoli, Napoli, 1943, p. 58). La bagliva o "baliva" era un dazio imposto dall'epoca angioina e che si continuò a riscuotere al tempo degli aragonesi per conto regio. I diritti di baliva "*comprendevano d'ordinario i cosiddetti proventi del banco di giustizia, che è a dire le pene per contravvenzioni alle assise e ad altri pubblici ordinamenti, quelle ancora per danni commessi da uomini ed animali o per uso di illegali pesi e misure, o per le estorsioni sui giuochi allora comunissimi detti «tasselli e fossetta». A quali proventi uniti erano i diritti di erbaggio, glandiatini, terratico ed altri simili nei luoghi ove si esigevano. E nel far l'affitto di tutti questi, che dicevano gebella della bagliulazione si comprendevano al-*

D. Fontana, cerniere di casa De Rosa.

Nel 1760 ricevette dal Marchese Don Francesco Antonio Andreassi 11 ducati per la seguente motivazione:"*A Domenico Fontana mastro chiavettiere per diversi ferramenti che al medesimo ha fatti, e consignati per servizio della sua casa, giusta la nota aggiustata per detta somma, della quale ne resta intieramente sodisfatto, né resta a conseguire da esso cosa alcuna per questa, come per ogni altra causa sino alli 9 ottobre 1760*"[42].

Sempre per i lavori fatti su committenza di grandi famiglie lo troviamo impegnato a rimettere in sesto tutti i ferri vecchi ed altri nuovi delle case di Don Tommaso de Rosa[43]. Le case di Don Tommaso erano ubicate alla strada Rosario di Palazzo ed una fortunatissima circostanza ha permesso di rinvenire e salvare alcune cerniere dalla quali si rileva il gusto decorativo che un tal maestro profondeva anche nel lavoro artigianale di minor importanza. Possiamo notare una ricercata sagomatura dei ferri nonché la lavorazione accurata del pistone eseguita col tornio.

Lavorò anche per Don Pietro Lo Biaso, un altro dei Governatori del Banco dei Poveri[44].

Gli oggetti che il nostro "*mastro*" eseguì furono tra i più vari: lucchetti, chiavi caminetti, roste, cancelli, inferriate lisce e sagomate, balaustrate, *appliques* con fiori e foglie, lustrere, macchine per incisione, leggii, forbici, panche e letti di ferro.

Lavori di committenza pubblica

La Fabbrica del Nuovo Sedile di Porto

Per il costruendo Nuovo Sedile di Porto, voluto da Carlo III di Borbone, fu scelto uno spazio che si trovava tra la chiesa di San Giuseppe detta dell'Ospedaletto e le case della fine di via Medina quasi all'odierno incrocio con via Sanfelice.

La decisione di ricostruirlo risale all'anno 1743, anche se i lavori veri e propri iniziarono alcuni anni dopo.

Il vecchio sedile invece, si trovava salendo via Mezzocannone prima dell'incrocio con la vecchia via Sedile di Porto (poiché in quella zona anticamente vi era il porto, precisamente sotto la chiesa di San Giovanni Maggiore), come si può vedere in una tavola ottocentesca riportata nel volume del D'Ambra.

Il Sedile di Porto, così come gli altri sedili, fu abolito con l'editto del 23 aprile 1800. e alla fine del secolo XIX venne abbattuto per far posto all'Hotel Genève.

Per la costruzione non si badò a spese infatti, futono chiamati i migliori artisti sulla piazza dal grande pittore Francecso De Mura al Regio ingegnere Mario Giofferdo, dal piperniere Gennaro Pagano, un *pool* dei migliori riggiolari fabbricò gli embrici per la cupola maiolicata. Essi furono Giuseppe Massa, Leonardo Chiajese, Giuseppe Barberio con il figlio Cristofaro.

Un gruppo di ferrari, come vedremo dai documenti seguenti, ricevettero l'incarico di costruire tre grandi ferrate coordinati e diretti da Domenico Fontana.

tri diritti che in diversi luoghi esigevasi, come ad esempio i proventi de' mulini, la privativa del sapone e delle tinture". (L. Bianchini, *Storia delle finanze del Regno delle Due Sicilie*, Napoli, 1971, p. 115).

[43] Le case si trovano alla strada Rosario di Palazzo.

[44] Pietro Paolo Sambiase era uno dei Governatori del Banco dei Poveri. Il suo palazzo si trovava "*sulla strada di Chiaja e proprio dirimpetto la venerabile chiesa di San Leonardo*" (A.S.B.N./ Banco dei Poveri, patr. matr. 681, vol. bancali del 27 dicembre 1754, f. 696).

D. Fontana, Palazzo Riccia, ingresso con cancello e rosta (foto Maurizio Capunzo).

"Alli Deputati della Fabrica del Nuovo Sedile di Porto D. 300 e per essi a Francesco di Marco, Gennaro Manguso, Domenico Fontana e Giuseppe Fontana, mastri ferrari a conto delle infrascritte ferrate da farsi nel nuovo Sedile di Porto nelli tre arconi del medesimo Sedile, delle quali ferrate se né formato il disegno dal Regio Ingegnero Don Mario Gioffredo, il quale disegno essendosi considerato maturamente da essi ferrari, si sono eglino offerti di fare le dette ferrate a tenore sul detto disegno che perciò si sono convenuti tra di loro nella seguente maniera, cioè che le suddette ferrate doveranno essere lavorate di tutta bontà e perfezione ed a lode di buon maestro e formarsi a tenore del detto disegno che è stato da essi maestri ben considerato e riflettuto, ed indi sottoscritto dal detto Domenico, atteso che li suddetti altri maestri non sanno scrivere come anco è stato sottoscritto da Don Pietro Maria Sansone Segretario della loro Eccellentissima Piazza, ed lo detto lavoro ed ornamento doverà comparire e doverà fare dell'istesso da dentro, che da fuori, scorniciandosi alle fascie il cordoncino con suoi listelli: li bastoni doveranno essere tutti tirati uguali di grossezza con loro ornamenti e bottoncini con le picche ed altro, con farsi le dette tre ferrate, cioè la prima di esse verso il Castello nuovo colla porta ad apritora con boccale e parastanti, ma tutta l'intiera ferrata a levatora della maniera che li verrà ordinato dal detto Ingegnero Cioffredo, la seconda con porta finta che formerà l'istesso lavoro farsi a levatora a tre pezzi acciò possa levarsi con facilità in tempo della festa del Glorioso San Gennaro e questa mettersi nell'arcone verso la chiesa di S. Giuseppe, quale dovrà essere senza boccali e parastanti ma di una maniera ferma affinché resti come fissa, il tutto come li verrà ordinato dallo stesso magnifico Ingegnero, e la terza ferrata, cioè quella verso la calata del Cerriglio doverà comparire dell'istesso anche senza boccali e parastanti ed il tutto fissato e totalmente fermata; e tutta la detta opera debba costruirsi fra lo spazio di mesi sei completandi dalli 21 del corrente febraro e consegnarsi a loro le dette tre ferrate in ogni due mesi una di esse, ed il peso delle medesime tre ferrate non debba oltrepassare cantara 47 in tutto e questo per il convenuto e finito prezzo di D. 20.2.10 il cantaro, che per le dette cantara 47 importano D. 963.2.10, cossì per il materiale o sia prezzo del detto ferro, magistero, sfrido, ed ogni altro da pagarsi li detti D. 963.2.10 ad essi mastri Francesco, Gennaro, Domenico e Giuseppe,justamente in questo modo cioè D. 300 prontamente, che sono questi, che pretendendo se li pagano, e consegnata sarà la prima ferrata pagarseli oltre D. 200 ed il di più se li debba pagare finito, che sarà tutto il detto lavoro, e posto in opra: con espresso patto, che le dette tre ferrate pesando più delle dette cantara 47, detto soprappiù se li debba pagare alla ragione di D. 14 il cantaro per il solo costo del ferro solamente senza pretendere essi mastri altro da loro per qualunque pretesto, causa, o ritrovato colore, niuno eccettuato, con andare a costo, e danno di essi artefici il sfriddo ed ogni altra fatiga, e spesa per il detto dippiù, restando espressamente convenuto che il detto prezzo di D. 20.2.10 il cantaro resta stabilito per le dette cantara 47 solamente, che si è convenuto, che debba ascendere il peso di dette tre ferrate, e non più compreso in detto prezzo il materiale, o sia il ferro, manifattura, sfrido, portatura, mettitura, ed opera circa la detta loro Arte di ferraro, ed altro vi potrà occorrere. Per le dette tre ferrate, da farsi e perfezzionarsi della maniera di sopra espressata, e di tal convenzione se n'è a detto dì 21 stante stipulato pubblico istrumento per mano del detto Notaro Pietrro Maria Sansone tra la loro Eccellentissima Deputazione e li detti mastri ferrari, in cui si è convenuto e quanto di sopra si è espressato. E per essi per mano di notar Domenico Vassallo al detto Domenico Fontana".

(A.S.B.N./Banco dei Poveri, g. matr. 1474. Partita di 300 ducati, estinta il 23 febbraio 1753)

Il nuovo Sedile di Porto prima dell'applicazione delle "ferriate", incisione di Antoine Cardon, sec. XVIII.

Nell'agosto dello stesso anno ricevettero altri 200 ducati con il solito strumento di pagamento ossia una polizza del Banco dei Poveri che riteniamo debba essere trascritta integralmente come la prima:

"*Alli Deputati della Fabrica del Nuovo Sedile di Porto D. 200 e per lui a Francesco de Marco, Gennaro Mancuso, Domenico Fontana e Giuseppe Fontana mastri ferrari a complimento di D. 330 atteso gli altri D. 130 l'hanno ricevuti per il Banco di San Giacomo con altra loro polisa in data de 27 luglio 1753 e detti D. 330 sono a complimento di D. 630 poiché li mancanti D. 30 gli furono da essi pagatidal nostro banco con altra loro polisa de 21 febbraio 1753 e detti D. 630 sono a conto della infrascritte ferrate da farsi nel nuovo Sedile della loro Eccellentissima Piazza nelli tre arconi del medesimo Sedile delle quali ferrate sen'è formato il disegno dal Magnifico Ingegnere Don Mario Gioffredo il qual disegno essendosi considerato maturamente da essi mastri si sono eglino offerti di fare le dette ferrate a tenore del detto disegno che perciò si convengono tra di essi sulla seguente maniera, cioè che le suddette ferrate dovessero essere lavorate di tutta bontà e perfezzione et a lode di buon maestro e formarsi a tenore del detto disegno che era stato da essi mastri ben considerato e riflettuto et indi sottoscritto dal detto Domenico Fontana atteso li suddetti altri mastri non sanno scrivere come anche fu sottoscritto dal Magnifico Notaro Don Pietro Maria Sansone Segretario della loro Eccellentissima Piazza, et il detto lavoro et ornamento dovrà comparire et dovrà farsi dello stesso modo da dietro che da fuori scorniciandosi alle fasce il cordoncino con suoi listelli; li bastoni dovranno essere tutti tirati uguali di grossezza con loro ornamenti e bottoncini con picche et altro con fregi le dette ferrate cioè la prima di esse verso Castel nuovo con la porta ad apritora con boccali e parastanti ma tutta l'intiera ferrata a levatora della maniera che li verrà ordinato dal detto Magnifico Ingegnere Cioffredo: La seconda con porta finta che formava lo stesso lavoro sorgi a levatora a tre pezzi, a ciò possa levarsi con faciltà in tempo della festa del Glorioso protettore San Gennaro e questa da mettersi nell'arcone verso la chiesa di San Giuseppe quale dovrà essere senza boccali parastanti, ma di una maniera ferma affinché resti come fisso il tutto come verrà ordinato dallo stesso magnifico Ingegnere, e la terza ferrata cioè quella verso la calata del Cerriglio dovrà comparire dello stesso lavoro anche senza boccali e parastanti e il tutto fisso e totalmente formata la detta opera debba costruirsi nello spazio di mesi sei computandi dal dì 21 febbraio 1753 e consegnarsi a essi e dette tre ferrate in ogni due mesi una di esse et il peso delle medesime tre ferrate non debba oltrepassare cantara 47 in tutto; e questo per il convenuto e finito prezzo di D. 20.2.10 il cantaro, che per le dette cantara 47 importano D. 963.2.10. Così per il materiale o sia prezzo di detto ferro magistero fride ed ogn'altro da pagarsi li detti D. 963.2.10 ad essi mastri Francesco, Gennaro, Domenico e Giuseppe in solidum in questo modo cioè D. 300 allora prontamente che gli furono già pagati per mezzo di nostro banco con polisa di detto 21 febraro 1753; e quando si consegnano la prima ferrata pagarseli altri D. 200 et il di più se li debba pagare finito che sarà tutto il detto lavoro e posto in opera; con espresso patto che le dette tre ferrate pesando più delle dette cantara 47 dette sopra, più se li debba pagare alla ragione di D. 14 il cantaro per il solo costo del ferro solamente.*

Senza poter pretendere essi mastri altro da essi qualunque pretesto, causa o ritrovato colore, niuno eccettuato con andare a costo e danno di essi artefici il sfredo ed ogni altra fattiga e spese per il detto dippiù, restando espressamente convenuto che il detto prezzo di D. 20.2.10 il cantaro resta stabilito per le dette cantara 47 solamente si è convenuto che debba ascendere il peso di dette tre ferrate e non più conpreso in detto prezzo il materiale osssia ferro, manifattura, sfrido, portatura, mettitura in opera circa la detta lora arte di ferraro et ogn'altra potrà occorrere, per dette tre ferrate da farsi a perfezzione della maniera di sopra espressata e di tal convenuto ne fù stipulato instrumento per mano del magnifico notar Sansone lo giorno 21 febbraio 1753 tra la loro Eccellentissima Deputazione e detti mastri ferrari hanno consignato la sopradetta prima ferrata che si porta nell'arcone verso il castello nuovo e stanno facendo la seconda ferrata per essi detti Giuseppe Fontana, Francesco di Marco per mano di notar Stefano Ippolito di Napoli al detto Domenico Fontana per altri tanti".

(A.S.B.N./Banco dei Poveri, g. matr, 1480. Partita di 200 ducati, estinta il 13 agosto 1753)

Domenico Fontana ricevette un acconto nel 1754 di 100 ducati per la terza inferriata.

(A.S.B.N./Banco dei Poveri, g., partita di 100 ducati estinta il 31 gennaio 1754)

Il 5 luglio ebbe un ulteriore acconto sempre per la terza ferrata di D. 18.4.12.

(A.S.B.N./Banco dei Poveri, g., partita di18 ducati 4 tarì e 12 grana, estinta il 5 luglio 1754)

Un altro acconto di D. 28 e mezzo per la terza ferrata lo ebbe il 9 agosto 1755.

(A.S.B.N./Banco dei Poveri, g., partita di 28 ducati 2 tarì e 10 grana, estinta il 9 agosto 1755)

Il 23 agosto ebbe in anticipo di D. 10 sempre per la terza ferrata.

(A.S.B.N./Banco dei Poveri, g,. partita di 10 ducati, estinta il 23 agosto 1755)

"*Alli Deputati della fabrica del nuovo Sedile di Porto D. 73.4 e per essi a Don Domenico Fontana matro ferraro, a compimento di D. 140.1.10 atteso l'altri D. 66.2.10 l'ha ricevuti per mezzo di Nostro ed altri banchi con tre loro polize de' 25 febbrario, 30 luglio e 21 agosto 1755 e tutti sono per conto della ferrata sta facendo per il nuovo sedile da situarsi nell'arcone dalla parte dell'ospitaletto, ché la terza ferrata mentre le altre due si sono già situate nelli altri due arconi e dette ferrate ne fu fatto il disegno dal regio ingegnere don Mario Gioffredo, che fu sottoscritto da esso maestro Domenico il quale assieme con Francesco de Marco, Gennaro Mancuso, e Giuseppe Fontana ha fatto le due dette altre ferrate a tenore del detto disegno e questo colli stessi patti, condizioni, dichiarazioni e spieghe contenute nell'istrumento di convenzione per le tre dette ferrate stipulato tra il mastro ferraro e la loro deputazione a 21febbraio 1753 da Don Pietro Maria Sansone di Napoli enunciati detti patti nelle polize di pagamenti a medesimi fatti dalla loro deputazione per le dette tre ferrate e questa terza ferrata, resta tenuto detto mastro Domenico Consegnarla e metterla in opera pertutto il mese di settembre 1755 dovendola fare esso solo restando riserbati alla loro deputazione tutte egualmente raggioni, contro di detti mastri e ciascuno di essi... per l'adempiimento di tutti e vincoli, patti e condizioni contenuti nel detto istrumento di convenzione acciò non resti pregiudicata la medesima deputazione. E per esso ad Andrea Testa per altri tanti*".
(A.S.B.N./Banco dei Poveri, g. matr. Partita di 73 ducati e 4 tarì, estinta il 6 settembre 1755)

Un anticipo ancora per la terza ferrata di 10 ducati Domenico lo ricevette il 2 dicembre 1755.
(A.S.B.N./Banco dei Poveri, g., matr. Partita di 10 ducati, estinta il 2 dicembre 1755)

Un altro pagamento di D. 87 lo ebbe il 12 febbraio 1756 per la terza ferrata.
(A.S.B.N./Banco dei Poveri, g. matr. Partita di 87 ducati estinta il 12 febbraio 1756)

Il 20 maggio ebbe altri 20 ducati per la terza ed ultima ferrata.
(A.S.B.N./Banco dei Poveri, g., matr. Partita di 20 ducati, estinta il 20 maggio 1756)

Altri 20 ducati gli furono pagati il 19 novembre del 1756, sempre per l'ultima ferrata.
(A.S.B.N./Banco dei Poveri, g. matr. Partita di 20 ducati, estinta il 19 novembre 1756)

"*Alli Deputati della fabrica del nuovo Sedile di Porto D. 30 e per esso a Domenico Fontana mastro ferraro a compimento di D. 287.1.10 atteso gl'altri D. 257.1.10 l'ha ricevuti per il nostro ed altri Banchi e tutti sono per conto della ferrarta che sta facendo per il loro nuovo sedile da situarsi nell'arcone avanti l'Ospidaletto nel dì 20 marzo 1757 e ciò con li patti, dichiarazioni, spieghe e proteste contenute et espressate nelle polise de suddetti pagamenti fattili come sopra e nell'istrumento di convenzione in dette polise enunciate e con sua firma*".
(A.S.B.N./Banco dei Poveri, g. matr. 1544. Partita di 30 ducati, estinta l'8 marzo 1757)

"*Alli Deputati della Fabrica del Nuovo Sedile di Porto D. 3.1 e per essi a Domenico Fontana mastro ferraro e sono cioè D. 2.1. di essi per prezzo di un canalone di ferro di rotola 8 e ⅓ con suoi ferri filati e di una chiave del cancello di ferro da esso fatti per servizio della loro piazza e con detto pagamento resta del tutto pienamente sodisfatto e l'altri D. 1 per tanto da esso pagati di loro ordine al Capitano di Giustizia Francesco Rosssino per alcuni servizi da esso prestati alla loro piazza e con sua firma*".

(A.S.B.N./Banco dei Poveri, g, matr. Partita di 3 ducati e 1 tarì, estinta il 21 maggio 1760)

Ricapitolando le tre inferriate vennero ordinate il 21 febbraio 1753, data del primo pagamentoai ferrari, i quali dovevano conegnarle nello spazio di sei mesi. Ma la cosa non fu tanto semplice.

Infatti nel 1755 due cancellate erano pronte e montate *in situ*, mentre per la terza ed ultima si dovette attendere ancora del tempo, in quanto come dai patti "*dovendola fare esso solo*", il lavoro prese più tempo del previsto e Domenico completò il tutto consegnando, le chiavi il 16 ottobre 1760. L'intero lavoro quindi non fu realizzato in sei mesi, ma bensì in sette anni.

Stemma del Sedile di porto con Nicola Pesce, Deputazione del Tesoro di San Gennaro.

Lavori per la Deputazione delle Anime del Purgatorio ad Arco

Nel 1604 alcune famiglie patrizie napoletane cominciarono a riunirsi al fine di pregare per le Anime del Purgatorio e, poiché il gruppo andava crescendo via via fu necessaria una organizzazione seria e puntuale che gestisse anche i fondi necessari al suo funzionamento. Non furono pochi quelli che iniziarono ad affidare, anzi come si diceva allora, a *confidare* una parte dei loro averi e ricchi lasciti testamentari che servirono poi per l'acquisto delle case e dei suoli per la costruzione della chiesa nonché della casa detta di Santa Maria delle Anime del Purgatorio ad Arco.

I fondi necessari per le messe e per il buon funzionamento dell'oratorio vennero sostenute dai congregati e da benefattori occasionali i quali richiedevano in cambio messe dette in suffragio delle anime purganti dei loro parenti. La beneficenza si allargò anche in favore dei poveri bisognosi d'aiuto economico.

L'associazione ebbe il riconoscimento ufficiale attraverso un Breve Pontificio di Paolo V, del 15 ottobre 1606, come ci riferisce Giulio Raimondi, Presidente dell'Associazione Amici degli Archivi, nel suo articolo apparso sul "Maggio dei Monumenti" supplemento del Mattino del 2002, fasc. 1.

D. Fontana, S. Maria del Purgatorio ad arco, balcone.

Tra le opere di beneficenza vi fu anche quella di soccorrere i carcerati che non potendo lavorare perché astretti nelle galere, non erano in grado di pagarsi i pigioni delle case dove abitavano le loro famiglie, e allora interveniva la Deputazione pagando per loro.

Infatti l'ultimo pagamento a Domenico Fontana non riguarda le sue prestazioni lavorative, ma appunto il pagamento del fitto di una sua casa locata a un povero.

Anche per la Depurazione delle Anime del Purgatorio ad Arco, Domenico successe, nei lavori del ferro, al padre Aniello a far tempo dall'anno 1752 e i suoi rapporti con questa istituzione durarono sino al 1774 ossia per un lungo periodo di tempo di ben 22 anni, sin quando nel 1776 gli subentrò prima Nicola Pace e dal 1777 il mastro ferraro Gaetano Romano.

Nell'elenco dei documenti sono riportati alcuni pagamenti in cui appare solo l'indicazione dell'importo, della data e della collocazione archivistica, poiché le causali di detti pagamenti sono simili e ripetitivi dei documenti di seguito riportati.

"A Domenico Fontana mastro ferraro D. 8.3.16 in soddisfazzione dei residj di ferro fatti tanto per nostra Chiesa che nelle case della medesima come dalla relazione fattane dal nostro Ingegnero Gennaro Zizza revista dal Regio Ingegnero Don Bartolomeo Vecchione et ordine de' Signori Governatori in piè d'essa".

(A.S.P.A./vol. 19.introito ed esito. Partita di 8 ducati 3 tarì e 16 grana, del 16 ottobre 1752)

"A Domenico Fontana ferraro D. 8 in sodisfazzione de' residj di ferro fatti così in nostra Chiesa e ne' stabili della medesima come appare dalla relazione de' Magnifici Don Gennaro Zizza e Bartolomeo Vecchione Regi Ingegneri ed ordini"

(A.S.P.A./vol. 19, introito ed esito. Partita di 8 ducati, del 18 dicembre 1752)

"A Domenico Fontana mastro ferraro D. 4.2.15 a compimento di D. 8.40.4 cioè D. 31.2 tanti che importano l'opera del ferro fatto nella bottega di nostra Chiesa sita ad Arco affittata a Giovan battista Abbate, e D. 9.1.17 per li residj di ferro da lui fatti in nostra Chiesa che nelle case della medesima; come appare dalle relazioni ed ordini in piè d'esse, atteso li mancanti D. 36.1.5 per detto compimento l'ha il medesimo ricevuti in prezzo di cantara 2, ½ di ferro a D. 14.2.10 il cantaro".

(A.S.P.A./vol. 19, introito ed esito, Partita di 4 ducati 2 tarì e15 grana, del 3 agosto 1753)

D. 4.2.15 dell'8 agosto 1753 (A.S.P.A., vol 19 introito ed esito)

"A Domenico Fontana ferraro D. 7.1.10 per residj di ferro fatti alla nostra chiesa e ne' stabili

D. Fontana, ferrata a mostaccioli di S. Maria al Purgatorio ad arco.

d'essa come dalla relaziome de' predetti ingegneri".
(A.S.P.A./vol. 19, introito ed esito. Partita di 7 ducati 1 tarì e 10 grana, dell'8 dicembre 1753)

D. 7.1.10 dell'11 dicembre 1753.
(A.S.P.A./vol. 19 introito ed esito)

"*A Domenico Fontana ferraro D. 5.1.7 per residj di ferro fatti giusta come appare dalle relazioni de Magnifici Gennaro Zizza e Bartolomeo Vecchione Regi Ingegneri*".
(A.S.P.A./vol. 19, introito ed esito. Partita di 5 ducati 1 tarì e 7 grana, del 6 aprile 1754)

D. 11.3.3 del 17 giugno 1755.
(A.S.P.A./vol. 20 introito ed esito)

"*A Domenico Fontana ferraro D. 12.2 ___ per tanti dovrà spendere, e pagare alla Regia Doana in compra di rotola 120 di ferro a ragione di 14 ½ il rotolo da servire in fare la ferramenta nella finestra verso il vicolo delle case site al Mercato e proprio dove si fa la Doana del Sale, come dalla relazione del magnifico Gennaro Zizza ed ordine*".
(A.S.P.A./vol. 20, introito e esito. Partita di 17 ducati e 2 tarì, del 24 giugno 1756)

D. 14.2.7 del 28 agosto 1756.
(A.S.P.A./vol. 20, introito ed esito)

D. Fontana, rosta di S. Maria
Al Purgatorio Ad arco.

D. 6.2.1 del 29 marzo 1757.
(A.S.P.A./vol. 20, introito ed esito)

D. 26.1.16 del 15 dicembre 1757.
(A.S.P.A./vol 20, introito ed estito)

"*A Domenico Fontana mastro ferraro D. 6 a conto delle manifatture di sei cancelli di ferro da lui fatti per servizio del nuovo subcorpo si sta facendo sotto la nostra chiesa, quali sei cancellate sono di peso cantara 9 e rotola 44, con essersi rimasto in suo potere una quantità di ferro vecchio come appare dalla relazione dei magnifici Gennaro Zizza e Bartolomeo Vecchione Regji Ingegneri ed ordine*".
(A.S.P.A./vol. 20, Introito e esito. Partita di 6 ducati, del 25 aprile 1759)

D. 15-2 del 15 dicembre 1759.
(A.S.P.A./vol. 20 introito ed esito)

D. 20.1.14 del 20 aprile 1760.
(A.S.P.A./vol. 20, introito ed esito)

"*Alli Governatori della Deputazione delle Anime del Purgatorio ad Arco D. 20.1.4 e per essi al mastro ferraro Domenico Fontana e sono in sodisfazzione dei residij di ferro da lui fatti così nella loro chiesa come nelle case della medesima, nella quale somma sono inclusi D. 3.1.18 e ¾ nelle case al Baglivo d'Uries* 44), *come appare dalla relazione de Magnifici Gennaro Zizza e Bartolomeo Vecchione Regi ingegneri, in cui c'è loro ordine fare col presente pagamento, e resta sodisfatto*".
(A.S.B.N./Banco dei Poveri, g. matr. 1596. Partita di 20 ducati 1 tarì e 4 grana, estinta il 21 maggio 1760)

D. 20 del 30 luglio 1760.
(A.S.P.A./vol. 20, introito ed esito)

"*A Domenico Fontana D. 20 a conto così del ferro già lavorato, come da lavorarsi e piombo, che necessita per li parapetti della grada, bocche ed altro per servizio del nuovo subcorpo, come dalla relazione de' magnifici Gennaro Zizza e Bartolomeo Vecchione Regij Ingegneri*".
(A.S.P.A./vol. 20. Partita di 20 ducati del 30 settembre 1760)

D. 23-10 del 2 ottobre 1760.
(A.S.P.A./vol. 20, introito ed esito)

D. 60 del 7 ottobre 1760.
(A.S.P.A./vol. 20, introito ed esito)

D. 20 del 15 ottobre 1760.

(A.S.P.A./vol. 20, introito ed esito)

"*Alli Governatori delle Anime del Purgatorio ad Arco D. 20 e per essi a Domenico Fontana mastro ferraro e sono a complimento di D. 100 atteso D. 80 gli ha ricevuti prima e tutti detti D. 100 sono a conto dell'opera di ferro che il medesimo sta facendo per servizio del nuovo succorpo della loro chiesa, come appare dalla relazione di Gennaro Zizza e Bartolomeo Vecchione regii ingegneri, e li pagassimo con sua firma autentica, e per esso autenticata con sua firma da notar Felice Alberto di Napoli a Nicola Tramontano*".

(A.S.B.N./Banco dei Poveri, g, matr. 1069. Partita di 20 ducati, estinta il 20 ottobre 1760)

D. 50.2.16 del 25 novembre 1760.

(A.S.P.A./vol. 20, introito ed esito)

"*A Domenico Fontana ferraro D. 1-2 a compimento di D. 41.2.12 che D. 24.2.10 l'ha ricevuti prima in prezzo di tanto ferro pagati a Don Giuseppe Trentenero, e tutti sono in soddisfazzione del ferro, e lavoro d'esso occorsi per la nuova terra santa, come da relazione del Magnifico Ingegnero Bartolomeo Vecchione*".

(A.S.P.A./vol. 21, introito ed esito, Partita di 17 ducati e 2 grana, del 3 luglio 1761)

D. 12.3.14 del 20 novembre 1761.

(A.S.P.A./vol. 21, introito ed esito)

D. 13.3.19 del 17 dicembre 1763.

(A.S.P.A./vol. 21, introito ed esito)

D. 14.1.4 del 5 settembre 1764.

(A.S.P.S./vol. 21, introito ed esito)

D. 14 del 15 dicembre 1766.

(A.S.P.A./vol. 22, introito ed esito)

D. 8 del 17 dicembre 1766.

(A.S.P.A./vol. 22, introito ed esito)

"*A Domenico Fontana mastro ferraro D. 5.2.5 a compimento di D. 19.2.5, saldo e intera soddisfazione di tutti i lavori e residj di ferro nelle case di nostra Chiesa, inclusi fra medesimi D. 0. 2.4 per le case al Baglivo d'Uries, che D. 14 l'ha ricevuti primo giusta relazione del Magnifico Don Bartolomeo Vecchione nostro Ingegnere che sebbene era di D. 20.3.1, ½, tutto il dippiù si è rilasciato per aggiustamento fatto col medesimo dal nostro Reverendo Padre Maestro Rettore*".

(A.S.P.A./vol. 22, introito ed esito, Partita di 5 ducati 2 tarì e 5 grana del 10 gennaio 1767)

D. 10.3 del 26 marzo 1767.

(A.S.P.A./vol. 22 introito ed esito)

D. 27.3 del 28 settembre 1768.

(A.S.P.A./vol. 22, introito ed esito)

D. 61.3.10 del 29 novembre 1769.

(A.S.P.A./vol. 26, esito)

"*A Domenico Fontana mastro Ferraro D. 51 in soddisfazzione di tutto il ferro occorso e manifattura nell'accomodo della ferrata innanzi la porta di nostra Chiesa con averla disarmata ed armata, e fatto tutto quel che bisognava a tenore della relazione del Regio Ingegnere Bartolomeo Vecchione ed ordine de' Signori Governatori*".

(A.S.P.A./vol. 26, esito. Partita di 51 ducati del 15 ottobre 1771)

"*A Domenico Fontana D. 2.2.10 in nome e parte di Nicolò Russo povero carcerato nelle carceri del Ponte di Tappia, per la somma di D. 6.50 dovutoli per piggione di casa a tutto li 4 maggio 1772 per li quali una colle spese è stato concordato per D. 2.2.10*".

(A.S.P.A./vol. 24 introito ed esito. Partita di 2 ducati 2 tarì e 10 grana, del 29 novembre 1774)

S. Maria Purgatorio ad Arco, pomo di ferro di D. Fontana (foto di Alfredo Foglia).

Lavori per il Sacro Monte e Banco dei Poveri nel nome di Dio

Non sembri blasfemo o contraddittorio l'accostamento dei due termini "banca" e "poveri". Il primo, nell'immaginario collettivo, rappresenta il denaro, la ricchezza, con gli addentellati di potere e sicurezza, in netta contrapposizione con il secondo termine che, invece, rappresenta il bisogno, con le derivazioni di fame e disperazione.

Il Banco dei Poveri nacque nel 1563 come "Compagnia di S. Maria del Monte de' Poveri carcerati" ad opera di alcuni benemeriti avvocati della città, sensibili in modo particolare alle sofferenze ed alla disperazione di coloro che erano carcerati per debiti., con il precipuo scopo di sovvenire le loro famiglie che languivano nelle condizioni più miserevoli.

Effettuavano prestito su pegno ed erano allocati in alcune stanze presso il tribumale della Vicaria. In questa prima fase operarono anche concedendo prestiti senza interesse, sino alla somma di 5 ducati, quindi col passare del tempo si trasformarono in Confraternita. Alla fine del Cinquecento si unì alla Compagnia del Santissimo Nome di Dio che perseguiva gli stessi fini, dando vita nel 1600 al Sacro Monte e Banco dei Poveri nel Santissimo Nome di Dio, nel contempo si trasferirono nel cinquecentesco Palazzo Ricca di via Tribunali, acquistandolo dalla facoltosa famiglio Ricca di nome e di fatto, ove nel cortile costruirono un bellissimo Oratorio.

D. Fontana, particolare della porta blindata del Banco dei Poveri.

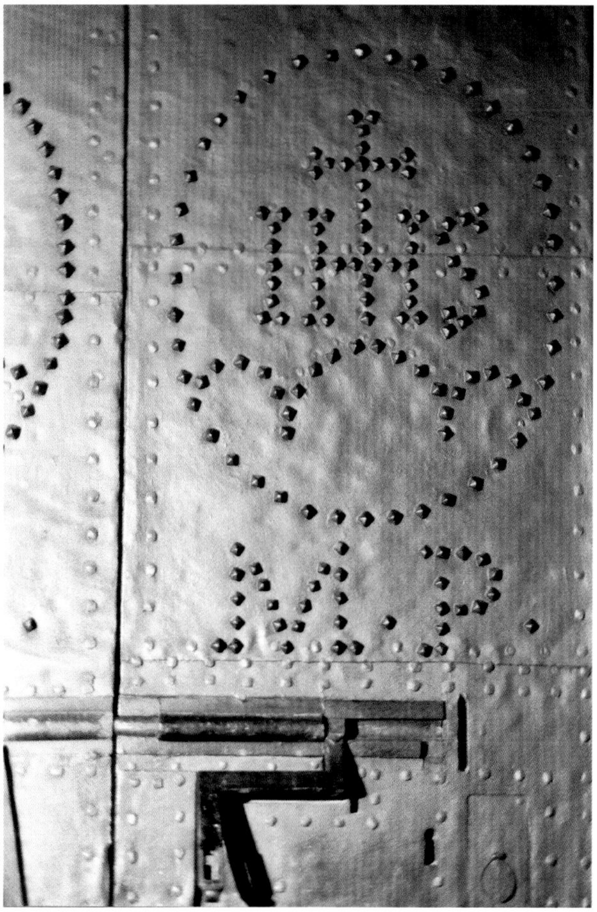

Il Monte oltre a tenere Banco svolgeva molte altre attività caritative e fra queste: i maritaggi, ossia costituzione di doti matrimoniali, e i monacaggi per coloro che volevano prendere i voti, ma non avevano le "doti" necessarie ossia un fondo di denari per poter entrate in convento.

Il Sacro Monte e Banco dei Poveri fu tra le più importanti banche napoletane e la sua solidità economica durò sino alla venuta dei Napoleonidi che, nel fondare il Banco delle Due Sicilie nel 1806, lo soppresse.

Nel 1819 con un Reale editto Ferdinando I fece confluire tutti gli archivi dei Banchi Pubblici napoletani insieme all'archivio corrente del Banco delle Due Sicilie, presso i locali di via Tribunali già sede del Banco dei Poveri, che fu adibito ad Archivio Generale.

Domenico Fontana fu il mastro ferraro di fiducia del Banco dei Poveri per lungo tempo, divenendo anche consulente per la sezione dei pegni e i documenti che seguono ci danno una precisa idea.

Trascrizione dei conti autografi di Domenico Fontana

"*Nostri di Banco conto d'entrate pagate D. 24.22 a Domenico Fontana chiavettiere, dite se li pagano cioè D. 12__2 per lo prezzo di diverse mascature, chiavi, licchetti ed altro occorso per servizio di nostro archivio e D. 12.2 a compimento di D. 17.16 per altri residi di ferro fatti per nostro Banco, Monte e sue case, atteso l'altri ducati 4.3.16 si sono ritenuti cioè D. 4.2.16 per prezzo di una catena antica ritrovata nel muro divisorio de nostra casa tra quella di nostro Banco e quella di Moscato, sita avanti il largo della Vicaria, di peso libre 38, valutate a grana 12 il rotolo e grana 20 per prezzo di una mascatura vecchia levata dalla porta de li lastraci della casa sopra la taverna Penta giusta le retroscritte due sue note tassate dal nostro magnifico ingegnere, ordine e conclusione de 30 luglio caduto. Napoli 3 agosto 1758.*

Il Delegato Protettore e Governatore del Banco e Sacro Monte de' Poveri".

(A.S.B.N./Banco dei Poveri filza. Polizza di 24 ducati e 22 tarì, estinta l'11 agosto 1758)

Ferro consignato dal ferraro Domenico Fontana

Due cancellate fatte per l'antica revisione cantara	7.04
Piombo per li meccioni della porta rotola	20
Una cancellata a petto palummo per la nuova revisione cantara	4.65 ½
Piombo occorso per detta cancellata rotola	30
Un'altra cancellata fatta a spina di pesce per la detta revisione cantara	3.46
Piombo per ler croci della porta di basso nella fabrica rotola	14
Croci e chiodi per la porta nuova rotola	12 ¾
Altre croci numero due e chiodi occorsi per la detta porta rotola	04 ½
Grappe numero quattro per li piperni accosto alla detta porta rotola	01 ½
Per un'altra cancellata a petto palumbo per la nuova revisione cantara	4.26 ½
Piombo per detta cancellata rotola	30 ½
A 25 agosto (1762) per una cancella per il passaggio della nuova revisione e prprio nella ruota del Banco	85 ½
Per chiodi e grappe per fermare detta cancella rotola	1 ¼
A 9 settembre otto croci e quaranta chiodi occorsi per ferrare la porta del primo basso della nuova casa fatta di peso rotola	14 ⅓
Piombo occorso per la causa siddetta rorola	7 ½
A 11 settembre per chiavi, mascature e 2 zecche di ferro occorsi per ferrare il detto basso rotola	12 ⅔
A detto dì per mascature e 2 zeccole di ferro occorse per ferrare l'altro basso rotola	12
A 12 detto diversi lavori di ferro pezzi n. 80 come dalla nota	
Di peso rotola 48, ½ con due sporte rotola	48 ½

Ferri perle vetrate pezzi 69 libbre 49 ½
Frontizze numero 12
Frintizze numero 6
Zeccole numero 9
Foragliatelli numero 15
6 guarnizioini per le bussole pezzi numero 12
A 13 Novenbre per un balcone di ferro per il terzo appartamento di peso rotola 1.94
A 15 detto per rotroli 2 ¼ di piombo occorso per lo supradetto Balcone 2 ¼
A primo decembre per rotoli 17 ½ di ferro in 4 pezzi occorso per il balcone del pigionante cafettiero 17 ½
A 19 gennaro ricevuti 4 gattoni di ferro di peso rotola 2.40 ½
Per 4 traverse di ferro di peso rotola 50 ½

Si dichiara per me sottoscritto di aver ricevuto dal Banco e Sacro Monte dei Poveri diversi ferro vecchiodi peso cantara 8 e rotola 49 vendutimi dadeto Giovanni del Gaiso ingegnere di detto Banco, per doverli bonificare dal prezzo de lavori di ferro, che sto facendo per la fabrica di detto Banco, ed a cautela. Napoli 8 luglio1762.
cantara 8.49 D. 126.61

Di pùò ho ricevuto due cancellate vecchie ch'erano situate alle due finestre dell'antica revisione di peso cantara 3 e rotola 2
cantara 3.02 11.51

Domenico Fontana

2.86 A 26 novembre consegnato altro ferro vecchio rotola *26*
A 11 gennaro consegnati due cancellate di ferro, che stavano alle due finestre dirimpetto le stanze dell'Udienza di peso una rotola 76, et l'altra 18.04 di rotola 88 in unum in tutto a D. 11 il cantaro rotola 1.64
A 1° marzo consegnato ferro vecchio rotola 20 20
D. 1.60 a D. 8 il cantaro di mala qualità
A detto dì consignato altro ferro vecchio 3.30
rotola 30 a D. 11 il cantaro 30

Domenico Fontana

A 26 marzo consegnato per altro ferro vecchio una cancellata 12.98
dalla casa del libro maggiore 1.18
165.39
15.09

D. Fontana, saracina del cortile del Monte e Banco dei Poveri.

Domenico Fontana		
	La sopradetta somma di D. 165.39 se l'ave ritenuta il Banco a 16 maggio 1763 con pagamento fattoli di D. 12.3.4 per saldo	
1763	*A 20 gennaro per una traversa ed uno gattone di ferro di peso rotola 1*	21 ½
	Per piombo rotola	*3 3*
	A 25 detto per una piastra, un vento ed un gattone di ferro rotola	68
	Per piombo rotola	5 ⅔
	A 28 detto per due venti con loro traversiole rotola	99 ½
	A 31 detto per due venti con due traverse rotola	92 ½
	A 10 febbraio per uno palcone di ferro consistente in 3 pezzi e 2 venti di peso rotola	1.68 ½
	A detto dì per rotola 5 di piombo rotola	5
	A 11 detto canale e ferri rotola	
	A 15 detto per un guarnimento per la prima porta, 2 maniglie per la finestra, un foragliato, ed una zeccola 4 lucchetti, un foragliato, ed una zeccola per la porta della cucina di peso rotola	12 ½

A 18 detto per un palcone di ferro con loro chiastre per il libro maggiore rotola 88
A detto dì per un altro palcone per la Razionalia rotola 68 ½ 68 ½
A detto dì piombo per lo palcone del libro maggiore rotola 3 ½
Per un altro palcone per la casa dell'esattore rotola 1.55

75 *A 2 aprile ricevuti quattro guarnimenti di porte cioè per le botteghe della casa di Paduano rotola* 25 ½
A detto dì ricevuto un guarnimento per la porta dell'esattore rotola 5 ½
A detto dì per una grattiglia per li comuni libbre 5 ½
A 12 detto per ferri libre 5 ½
A detto dì per due grappe per le finestre rotola 2
A detto dì per ferri sopra lo portone nuovo sotto la Revisione rotola 12 ½
A detto dì per una cancellata (……) di peso rotola 77 ½
non caricata nella l'altra di peso per la casa di Paduano rotola nota A 15 detto per perni numero 35 per le filze della Revisione rotola 19 ½
Per ¾ di chiodi per inchiodare la coda di pavone per lo portone nuovo sotto la revisione rotola ¾
Per rotola 1. ¼ di grappe per inchiodare la Cancellata della cantina rotola 1 ¼
A 21 aprile per perni numero 4 per la chiesa rotola ½ once 2
A 2 maggio per piombo rotola occorso per il palcone del primo quarto rotola 3
A 13 maggio per 50 licchetti a coppo, 50 licchettini a squatro, 50 foragliati a squadra e 13 zeccole di peso rotola 70 per la seconda fabrica rotola 70

Nota del ferro consegnato al Banco da Domenico Fontana per la seconda Fabbrica si sta facendo, essendo stato il medesimo intieramente sodisfatto Per la prima fabrica cioiè

1763 *A 2 aprile ricevuto 4 guarnimenti di porte cioè per li botteghe per la casa di Paduani rotola* 25 ½
A 12 detto per una cancellata per sopra il basso della cantina della casa di Paduano rotola 73 ½
A 4 luglio per due cangellate piccole per la nuova fabrica rotola 1.22
Tre canali con loro pose per detta fabrica rotola 26 ¼
A 20 settembre per 8 grappe di ferro per le grade rotola 6 ½
A 11 ottobre per quattro guarnizioni di porta della grada rotola 16 ½
A 14 detto per 20 guarnizioni cioè 10 di palcone e 10 di finestre rotola 61
Per altre 4 guarnizioni di porte e di finestre rotola 12

Omissis

D. Fontana, rosta e gioco di luci ed ombre, scala del Monte e Banco dei Poveri (foto Maurizio Capunzo).

1763	*A 16 maggio D. 11.3.4 a compimento di D. 838.3 che importano il Saldo dei lavori di ferro fatti per la prima fabbrica, atteso li restanti D. 82 tarì 1.19 sono cioè D. 660 ricevuti come sopra e D. 165.1.19 sono cioè prima fabrica D. 163.3.19 per prezzo di cantara 14.19 di ferro vecchio vendutoli a D. 11 il cantaro, e D. 1.3 per altre rotola 20 di mozzoni di ferro o mascature vecchie vendutili a D. 8 il rotolo, giusta la misura, ed apprezzo dell'ingegnero Giovanni del Gaiso*	D. 672.3.4

Omissis

1763	*A 21 ottobre per due grappe occorse per la grada rotola*	2 ¼
	Per piombo per impiombare dette grappe rotola	3
	A 12 novembre per 56 grqppe per le cancelle rotola	2
	Per le cancelle rotola	2
	A 18 detto per lo primo balcone rotola	94 ½
	Secondo balcone rotola	100
	Terzo balcone rotola	95
	Quarto balcone rotola	96
	Quinto balcone rotola	96
	Sesto balcone rotola	96
	Per una cancella servita dentro al palazzo rotola	52 ½
	Per grappe servite per detta cancella rotola	1
	A primo dicembre per piombo per impiombare le croce delle porte rotola	12
	Per 20 croci e per le porte con li chiodi rotola	30 ½

	A 3 decembre per 28 guarnimenti per le finestre e 4 guarnimenti di porte rotola	89 ¼
	A 15 detto per rampitelle e monachetielle servite per le suddette guarnizioni rotola	2
1764	*A 13 gennaro per due ferri per la cantina rotola*	13 ⅓
	Per piombo per impiombare detti ferri rotola	11 ¾
	A 8 marzo per tre guarnimenti di porta rotola	9
	A 29 detto per saldi, bottoni e grappe per le mascature rotola	1
1764	*A 29 marzo per 4 guarnizioni di porta rotola*	13 ½
	A 29 detto per 2 grappe per la cantina rotola	4 ½
	Per piombo per detto rotola	5
	Per 30 grappe per le finestre rotola	3
	Per piombo rotola	4
	A 4 aprile per 4 guarnizioni di porta delle cucine, balconi, finestre 8 licchetti per le prime porte, 8 soglie e scinne per le porte delle cocine rotola	46
	Un palcone per il primo appartamento rotola	1.11
	Un pezzo di teso per il palcone lungo rotola	89 ½
	A 2 maggio per due balconi e due pezzi di pavimenti serviti per lo palcone grande delle botteghe rotola	2.73 ½

D. Fontana, particolari di inferriate a "pietto 'e palummo", Banco dei Poveri, lato piazza dei Tribunali.

D. Fontana, particolari della porta blindata: coprimascatura e le due mascature dal lato interno.

A 20 settembre per due guarnizioni per le bussole per 6 licchetti, 6 maniglie rotola 3 ½
Per 2 altri licchetti rotola ½
Per 20 rotoli di ferro vecchio tolto dalla porta del palazzo valutato a ragione rotola 20
A 12 novembre piombo rotola 5 per impiombare gli anelli di ferro per li sportielli rotola 5 per anelli 10 per detti sportelli rotola 2 ½
76 *A 8 gennaro per piombo rotola 3 per impiombarele 8 grappe di ferro rotola* 3
Grappe rotola 1
Per un balcune di ferro per lo primo appartamento dalla parte della vinella rotolo 1.29
A 6 febbraio per la Taverna Penta si sono fatte 3 gattoni e traverse rotola 44 ¾

A 11 detto per 2 palconi per la Taverna Penta e Pontenuovo rotola 2.01
A 13 detto per 2 licchetti di finestre uno per le case di Pontenuovo et l'altro per la Taverna Penta rotola 1 ¼

1765 a 27 luglio
Guarnizione di porta e finestra serviti per il terzo quarto alla Speziaria peso rotola 19 ½
Guarnizione al quarto sopra all'archivio di porta e finestra peso rotola 25 ½
Per la finestra sulla camera sopra all'astrico peso rotola 4 ½

Guarnizione per il primo appartamento do porta e finestra peso rotola 5 ½
Grappe servite per la cangiella grande peso rotola ³⁄₂

Nota di ferramenti vecchi consignati al mastro ferraro Domenico Fontana per accomodarli al primo quarto del palazzo sito sopra la Taverna Penta

Due licchetti di corpo
Sei licchetti per due finestre
Un guarnimento di porta
Altri sei licchetti di finestra
Due licchetti di balcone con una zeccola
Per un guarnimento di porta piccola
Un licchetto di finistrello a dritto
Una zeccola ed una mascatura a mappa
Due licchetti di corpo
Tre licchetti di finestra
Due licchetti di balcone
Tre maniglie
Tre licchetti di finestra
Un licchetto e zeccola di porta
Due licchetti di finestra
Due licchetti di balcone ed una zeccola
Due licchetti di finestra
Altri due licchetti di balcone
Un licchetto di porta
Si devono fare altre sei mascature ed una zeccola, stante
Quelle che sono vecchie e marcite.

Particolare della porta blindata del Banco dei Poveri: licchetto.

1765 *A 22 febbraio per un palcone per la Teverna Penta rotola* 85
Per la terza fabrica della casa di rimpetto il Trombetta

1765 *A 26 febbraio per 33 perni per li travi rotola* 19 ½
A 16 marzo per una cancellata rotola 23 ¼
A 10 aprile per 45 perni per li travi alle case della Taverna Penta rotola 18 ½
A 15 detto per 6 grappe con chiodi serviti per la porta dei vetrari rotola 9 ¹⁄₃₃
A 18 detto per piombo per le grappe della bolttega del vetraro rotola 3
A 23 detto per due ferreate per l'appartamento delle case di rimpetto al Trombetta rotola 93
A 29 detto per grappe servite per dette cancelle Numero 40 rotola 2
A 2 maggio per 2 canaloni di ferro per la casa di rimpetto al Trombetta rotola 30
A 20 detto per 3 ferreate servite per lo quarto del Nuovo Archivio di rimpetto al Regio Trombetta rotola 5.1

A primo giugno si sono fatte rotola 8 di grappe piccole servite per cancelle rotola	8
Si è fatta una grappa dervita per la zeccola della porta del vetraro, si è fatto un cerchio allo gattone del pozzo dell'appartamento di sopra e per detti gattoni di altri appartamenti altri 3 ferri con chiavetti e rotrancia e tutto peso rotola	5 ½
Alla barra della porta del matarazzaro si sono fatte 8 guangie con 16 mezze scive di peso rotola	4 ½
A 3 giugno per piombo per le grappe per la bottega del vetraro rotola	1
A 12 detto per 12 croci servite per le telare delle cancellate rotola	13
Per piombo per impiombare le dette croci rotola	7
Per 4 guarnizioni per sei guarnimenti per le finestre sopra la Taverna Penta rotola	11 ½
A 15 detto per sette guarnizioni per lo quarto di Leccese rotola	10 ¼
Per 2 cancellate poste alla casa avanti il Trombetta rotola	286
A primo luglio per un palcone per la Taverna Penta	
A 11 detto per una cancellata di ferro per l'Archivio avanti il Trombetta rotola	1.66
A 15 detto per una coda di paone fatta al primo appartamento vanti il Trombetta rotola	18
A 6 settembre per 121 ferri per le vetrate di peso	41.36

D. Fontana, porta blindata del Banco dei Poveri, la data di costruzione.

	A 28 novembre per 2 canali piccoli per le case sopra la Taverna Penta rotola	1 ½
	Per 2 canali per il giardino della chiesa rotola	16 ½
	Per ferri serviti per le porte e firrature per il quarto sopra l'Archivio rotola	20 ¼
	Per lo quarto sopra la speziaria rotola	18
	Per lo quartino piccolo sopra l'astreco per ferri rotola	4
	Per lo quarto di Nicola Perez rotola	4 ¼

Nota del ferro vecchio consegnato al ferraro Domenico Fontana cioè:

1772	*A 11 luglio consegnate due cancellate tolte dalle due finestre del guardiano del Banco di peso rotola*	8.61
	A 18 detto per due cancelle delle finestre terranee dell'archivio rotola	4.5
	Per scascatura di dette cancelle con passamano che stava nella Grada dell'archivio rotola	1.33
1773	*A 16 aprile per una cancella levata alla finestra alla camera de pegni del Banco dalla parte di sotto la quale era marcita, e franta rotola*	3.86
	Per una cancella che stava alla porta dell'antica credenzeria rotola	1.14
	Per 4 balconi alla romana che stavano alla grada del monte senza piastra al disotto che erano rotte e marcite come anche dall parte di sotto a tutti bastoni rotola	2.19
	Per una cancella piccola che stava nel finestrino dell'ultima camera dell'antico Archivio e lo stroncatoro rimasto dalle cancelle accomodate, con 4 occhi di trave o due traversa, che erano marciti, e rotti rotola _	80
	cantaia	21.98
	Per licchetti rotti e mascature vecchie inservibili, e tutte consumate rotola	44
	cantaja	22.42

Ferro nuovo	*Nota delli ferramenti nuovi*	
	Per 4 groppe per li primi pilastri di peso rotola	5 ¾
	Piombo rotola	6
	Altre 4 groppe rotola	9 ½
	Piombo rotola	12
	Un groppone per il 2° detto piano per la Catena di peso rotola	27 ¾
	Piombo per detto rotola 10	

Si devono dedurre 140 rotola del luogo	*Si è accomodato la catena rotola 140 e si sono avanzate rotola 16 di ferro ed è di peso rotola*	1 16
	Si sono fatte n. 10 grappe di ferro di catena e poste in opera al primo pilastro, cioè 8 di loro giusto nel primo balcone attaccato al balcone	

e restano	*della razionalia e l'altre due al pilastro dell'altro balcone appresso, e so-*	
rotola 10	*no di peso rotola*	49 ¼
da pagarsi	*Piombo per detto rotola*	20
al mastro	*Al medesimo pilastro e proprio al piano dell'archivio uno grappone per*	
	la catena e due groppe piccole di peso rotola	31 ½
	Per la porta del tabaccaro otto groce unito con 60 chiodi di peso rotola	17 ½
	Piombo per 12 croce rotola	12
	Un balcone vicino alla razionalia di peso rotola	164
consegnato	*Per la porta di legno dell'istesso balcone*	6
al mastro	*Croce per li… rotola*	3 ½
d'ascia	*Per il telaro della vetrata del suddetto balcone n. Otto croce rotola*	1 ⅔
rotola	*Per piombare il balcone 14 croce per piombo rotola*	10
50 ½	*Alla medesima porta del tabaccaro 4 zeccole e 10 groppe rotola*	13 ½
di chiodi	*A 24 novembre Una cancellata situata attaccato alla altra attaccato al*	
vecchi	*portone alla camera del cafettiero di peso rotola*	228
a grana 11	*Altra attaccata al portone sopra la curia del piggionante signor Michele*	
il rotolo	*Tessitore di peso rotola*	219
importano		
Per l'accomodo del portone cioè		
	A 29 novembre per due fronticcie n. 24 chiodi rotola	8 ½
	Per due pedagne con 48 chiodi rotola	53 ¾
	Per due piastre addietro alli stanteri con 16 perni	8 ½
	Per groppe per la gionta del'abbocatora con 86 perni rotola	28 ¼
	Per 1.445 chiodi a punta di diamante con 600 schiattorali rotola	48 ⅔
	Per una ramiera nuova per la gionta dell'abboccatura rotola	43
	Per 12 groppe a croce per detto portone 6 alla parte di dentro ed altri 6	
	alla parte di fuori con loro chiodi rotola	47 ¾
	Per piombo per le dette e per la coda di pavone	42
	Per le due sciulie per li licchetti e 4 groppe con loro zeppe rotola	16 ¾
	per una zeccola con 4 groppe rotola	5 ¼
	Per uno squadro per la miccia del portello e con D. 5.55 loro chiodi	
	rotola	6 ½
	5 dicembre Per 12 croci con loro chiodi posti alla porta attacccata alla	
	parocchia rotola	23 ¾
	Per piombo rotola	12
	Per sei zoccoli lunghi e corti, una mascatura con sua chiave, e mappa	
	con loro chiodi rotola	24 ½
	Al pilastro del cafè e proprio attaccato alla parrocchia 8 groppe rotola	20 ½
	Alle dette groppe due si sono impiombate con il piombo dello luogo La	
	ferriata sopra il tabaccaro rotola	214

	Piombo rotola	14
	Catena del Si è accomodato la catena di rotola	138 ½
	unito	
	Luogo e si con otto zeppe rotola pesate	6 ½
	Deve pagare	
	Per rotola 6 H Al detto pilastro nel piano dell'Archivio terzo per la porta a posticcio dello portone una frondizza con chiodi rotola	3
	Due groppe per la barra a traverso, con chiodi con riposto per il catanaccio 4 scive un monachetto per il lucchetto rotola	9 ⅔ ½
	Per li dei pilastri del portone 4 groppe rotola	11 ½
	Sei groppe rotola	15 ½
	Due di esse vicino alla finestra del portone e quattro zeppe al frontespizio del portone e piombo 60 rotola	9
	Due groppe rotola	6 ⅔
	e si sono poste al pilastro attaccato alla camera Altre due groppe rotola	6 ⅓
	e si sono postre alle due grade della finestra del cafettiero attaccato al portone imbiombato col piombo del luogo	
	Coda di paone rotola	440
1770	*5 dicembre Per 12 croci con loro chiodi alla porta della curia rotola*	23
	Per piombo rotola	12
	Per sei zeccole lunghe e corete, mascatura, chiave, e mappa con loro chiodi per detta porta rotola	24 ¾
1771	*a 15 gennaro Per 5 grappe poste dentro li piperni rotola*	1.76 ¾
Essendo	*Per piombo per dette grappe rotola*	1. 29
stata la	*Per un palcine di mezzo rotola*	2. 97
vecchia	*Un'altra porzione ad altro cantone rotola*	2. 1
cantara	*Un'altra porzione rotola*	1. 98
	Piombo occorso per li suddetti palcone rotola	9.48
	a 19 detto per altro piombo per le grappe rotola	20
	a 30 detto Per un palcone fatto per l'affacciata rotola	1. 48
	Per due cancellate per il monte rotola	3.4
	A 31 gennaro Per una cancella fatta per l'archivio Cantara una e rotola 73	1.73
	Per un'altra cancellata fatta per l'istesso Archivio	1. 65
	Per una catena a quatro per la Lamia dell'udienza con tre traverse e tre grapponi per dentro li piperni e zeppe	2.26
	Per staffoni per il pilastro dalla parte della parrocchia con due grapponi rotola	30
1771	*a 21 gennaro Per piombo per la catena, e per detti staffoni rotola*	30
	Per sei grappe per li piperni rotola	19, ¼

Per piombo per dette grappe rotola	12
Per altro piombo per il palcone rotola	6
A 6 febraro accomodato la altra catena di ferro al pilastro della parocchia, si è rifoso rotola	5
per zeppe per detta catena rotola	1 ¼
A 2 marzo per 10 grappe per dentro il piperno rotola	20 ¼
Per piombo per dette grappe rotola	20
Per altre sei grappe rotola	24 ½
Piombo per dette grappe rotola	12
Per altre quattro grappe rotola	12
Piombo per dette rotola	8
Per altre grappe rotola	25
Per piombo rotola	16
Per uno staffone occorso per la lamia Del quarto matto rotola	22 ½
Per un altro staffone rotola	19
Per altro staffone rotola	17 ¾
Per una catena per detta lammia rotola	1. 10
Altra catena rotola	1. 19
Altra catena con una traversa rotola	1. 15
Per cinque traverse per dette catene rotola	56 ¼
Piombo per detto staffone rotola	6
Per otto grappe per dentro li piperni rotola	23 3/3
Piombo detto rotola	16
A 23 aprile Per ferro per l'impresa per due guancie con una traversa con cinque zeppe rotola	36 ¾
Per due scive per dietro l'impresa rotola	5 ¼
Per due ferri con due grappe piccole per sotto li giarroni rotola	1 ⅓
Per otto grappe di rame libre	12 ⅓
Piombo per detti ferri e grappe rotola	23
Per due grappe con loro chiodi per il portone rotola	17
Per ventiquattro grappe per li piperni rotola	61
Piombo per dette grappe rotola	48
Per diciotto grappe per li piperni rotola	41 ⅓
Per piombo rotola	36
A 18 maggio Per quattro grappe per li piperni rotola	8 ½
Piombo per dette grappe rotola	8
Per otto anelle con loro scive per la porta del tabaccaro ed un altro anello per la catarattola con due chiodi a crocco rotola	5 ¾

1771 a 18 maggio

Per sedici grappe per li piperni rotola	46 ½

Per piombo rotola	37
Per grappe dodici rotola	35
Per piombo rotola	24
Per altre grappe sette rotola	25
Per piombo rotola	14
Per altre grappe quattro rotola	15
Per piombo rotola	8
Per altre dodici grappe rotola	36
Per piombo rotola	20
Per sedici pezzi per li travi rotola	11 ½
Per due canaloni per sopra l'astrico rotola	9 ¾

1771 a 28 Giugno

Per un palcone lungo da sopra il cornicione cantara	10. 60
Per piombo occorso per il medesimo, e diverse cancellate cantara	1. 50
Per altro piombo occorso per la piètra di marmo, ove sta descritto il nostro Banco rotola	30
Per due gattoncini fatti sotto la suddetta pietra rotola	4 ¼
Per dette cinque grappe vi è occorso rame libbre	7 ½
Per trentanove perni servite per le lavagne sopra l'astrico rotola	5 ¾
quale si sono impiombati col piombo del luogo per una cancellata grande fatta per l'ultima camera dell'Udienza e proprio quella del guardarobba rotola (cantara)	4. 29
quale si è impiombata col piombo del luogo	

1771 a 18 Giugno

Per una cancella piccola fatta nell'ultimo piano del finestrino del suppegno della parrocchia rotola	34 ½

1771 a 4 Luglio

Per un palcone fatto per l'ultimo quarto sopra L'Archivio rotola	1. 22 ½

1771 a 9 Luglio

Si è fatto un guancio con sua traversa di sopra per il pezzo della bottega del caffè rotola	3. ½

Per un focone per riparo del foco per il focolajo di detta bottega rotola	8
Per due guancie per ponere li lampieri con altri due a levatoro rotola	15
Per una mascatura e due guarnimenti per le finestre e un'anello per la cataratta rotola	7. ½
Per un guancio per comodo di tener la port'aperta con due anelli rotola	1. ¼

a 13 Luglio

Per settantadue croci per rinforzo delli stanteri delli palconi dell'Udienza, e telari delle vetrate con loro chiodi rotola	38. ¼
Per piombo per le dette rotola	30
Per quattro catene per lambie della grada col loro traverse, e zeppe rotola	86
Per novantanove grappe per rinforzo delli piperni	
Per piombo per dette rotola	1.42 ½
a 24 Settembre Per due guarnimenti serviti per le porte del guarto di sopra rotola	7 ⅔
Per ferro per il lampione sotto il portone rotola	7 ½
Per una mezza cancella alla lustrera della Cantina sotto la grada del Banco rotola	27 ½
Per un canale al tetto che cuopre la grada con loro tiranti, chiodi a crocco rotola	8 ¼
Per quarantuno grappe per li passamani della grada con loro perni rotola	26 ¾
Per un guarnimento della prima porta del nuovo Archivio rotola	3 ⅓
Per sei guarnimenti per li palconi del quarto di sopra rotola	27
Per coda di paone fatta alla porta della cantina accostro alla grada del Banco rotola	96 ½
Per un telaro fatto alla lustrera fatta alla cantina rotola	9 ½
Per una mascatura con chiave e mappa fatta alla porta della detta cantina rotola	????
piombo per impiombare detti ferri rotola	48

1771 a 26 novembre

Per una mascatura per la porta sotto la grada rotola	1 ⅓
Per tre guarnimenti per le finestre delle camere del Quartino sotto l'Udienza rotola	9 ⅓
Per sessanta ferri per le vetrate di dette finestre libbre	14 ¼
Per centoquaranta ferri per lr vetrate dell'Udienza libbre	73 ¼
Per quattro ferri per la chiusura dell'ultima vetrata dell'Udienza libbre	13 ¼
Per due licchetti grandi e due piccoli con una zeccola per la	

	finestra del facchino Giovanni rotola	2 1/3
	Per due licchetti per lo finestrino per l'ultimo quarto sopra il tetto della Parrocchia rotola	1 1/6
	Per quarantotto ferri per li vetri dell'Archivio nuovo libbre	14
	Per centoventi ferri per rinforzo di vetri al quarto di sopra libbre	30 2/3
	Per un guarnimento alla porta per la casa del portiero Gennaro Virzo rotola	36/33
	Per due guarnimenti zeccole, e licchetti per le due finestre della casa ove dovrà abitare il sudetto portiero rotola	5 1/4
	Per dodici licchetti, zeccole, mascature per le finestre di fuori, e per il pozzo rotola	8 3/4
	Per nove perni per l'astrico a cielo rotola	5 1/3
	Per tre guarnimenti consistenti in zeccole e licchetti per le finestre sotto alla camera dell'Udienza rotola	9 1/3
	Si è accomodata la catena sotto al portone con averci posto rotola 10 di ferro nuovo rotola	10
	Si è accomodato un'altra catena di peso rotola 124, con esserci posto rotola 6 di ferro nuovo rotola	6
	Per tre grappe piccole per li marmi e piperni rotola	3/4
1771	*a 15 dicembre Per 3 cancaretti per la prima porta della revisione rotola*	1 1/3
	Per 38 croci per rinforzo delle telare di vetrate per l'Archivio e per la prima stanza di esso rotola	8
	Per piombo rotola	15
	Per 15 foragliati piccoli per le vetrate dell'Archivio rotola	3 1/4
	Per 92 ferri per rinforzo delli vetri delle vetrate dell'Archivio libbre	30 8/12
	Per sei piastre per dette telare rotola	11
	Per una cancella posta al finestrino alla Prima porta della casa del cassiere maggiore rotola	32 1/2
	Per due mascature con chiave, e 6 grappe per le zeccole per la casa del portiero Virzo rotola	3
	Una cancella al finestrino della cucina di detto portiero rotola	24 1/2
	Per 68 ferro per rinforzo delli vetri di detta casa libbre	20
	Per un perno a chiavetta per detta casa rotola	1 2/3 1/2
	Per quattro scive per li sportelli di piperno nel cortile rotola	1 2/3
	Per un guarnimento di porta, quattro maniglie per la calatora ed un'anello con un chiodo a crocco, un licchetto al finestrino sopra il suppegno, ed un licchetto al finestrino della cucina della casa del portiero Virzo rotola	6 3/4
1772	*a 3 ottobre Per trentasei occhi di travi con 18 traverse*	3 02
	Per centodieci chiodi per detti occhi rotola	10 3/4
	Per una cancellata fatta sopra il nuovo Suppegno del libro maggiore rotola	55 1/2

	Per una cancella alla camara dell'interesse cantara	3. 52
	Altra cancella per detta camera cantara	3. 13
	Per 17 ferri poisti alla cucina del quarto di sopra rotola	10
	Per una croce fatta alla ciminiera rotola	6 31/33
	Per una cancella al suppigno di detto quartino rotola	55 ½
	Un'altra cancella al piano di terra nella credenzeria rotola	72
	Per 6 grappe per l'arcotrave della prima porta rotola	6 ¾
	a 26 novembre Piombo per impiombare le grappe all'arcotrave sopra la porta della nuova credenzeria rotola	6
	Per 12 occhi di trave, e 6 traverse rotola	98
	Per detti occhi di trave 36 chiodi rotola	3 ¼
	Per un canale piccolo di ramiera di ferro sopra l'astraco rotola	¾ 2/33
	Per tre guarnimenti per le porte del quarto nuovo del libro maggiore rotola	9 ⅓
	Per una cancella per la credenziaria alla romana rotola	74
	Per due zeccole, due licchettoni con loro monachetti per la porta di detta credenzeria rotola	6
	Per venticinque chiodi, e croce per la detta porta della (credenzeria) *rotola*	6 ½
	Per piombo per detta croce rotola	4
1772	*a 2 decembre Acciomodate due ferriate per sopra le camere del Monte di peso rotola 256 per le quali sene deve solamente pagare l'accomodatura*	
	Per due altre ferriate nuove per dette Camere di peso rotola	2. 21
	a 12 detto Per una cancellata fatta alla camera attaccata all'Udienza di peso	3. 05
1773	*a 16 aprile Per un canale all'astreco a cielo dalla parte del Monte rotola*	5 ¾
	Per due cancelle grandi alle stanze nuove del guardaroba del Banco rotola	6. 16
	Per piombo per dette cancelle rotola	36
	Per una cancella alla romana per la nuova credenziaria dalla parte del cortile rotola	86 ½
	Per tre altre cancelle per la medesima credenziaria alle finestre di dentro rotola	1. 86
	Per 140 ferri poti alle vetrate fatte per la Camera del guardatoba del Banco libbre	69
	per due catene poste nel primo piano delle Camere del monte verso il vortile, e propriamente dentro L'archivio vecchio rotola	2. 47 ⅓
	Per nove bastoni posti al finestrino della Cassa maggiore rotola	35 ¼
	Per piombo per detti nove bastoni rotola	20
	Per sette grappoe servite per l'ornia de' piperni alla porta vicino alla	

	Congregazione rotola	13
	Per piombo per dette grappe rotola	10
	Per due cancelle fatte per la casa del cassiere maggiore	71
	Per quattro ferri per le vetrate fatte alla camera del quardaroba del Banco ove vi è la cassa pegni libbre	5
Ferro nuovo		
	Per tre cangelle nelle camere dell'archivio dove stanno le filze cantara	3. 16
	Per cinquecentosessantacinque pernip per le filze di detto archivio cantara	2. 58
	Per duecento ferri per rinforzo dei vetri della vetrata alla facciata del Monte cantara	66
Ferri fatti nel quarto del libromaggiore		
	Per numero 17 pezzi di ferro per la fornace del focolajo rotola	10
	Per tre guarnimenti di porta rotola	$9 \frac{1}{3}$
	Per una croce di ferro rotola	$6 \frac{28}{33}$
	Per un guarnimento di finestra in detta cucina rotola	3
	Per un caneletto al suppegno rotola	$\frac{3}{4}$
	Per 20 ferri per rinforzo dei vetri libbre	5
	Per tre guarnimenti di finestre, quattro mascature con loro chiavi un anello con suo chiodo a crocco per la porta del pozzo un licchetto di finestrino, una maniglia con tre scive e tre foraglietti con loro piastre e grappe di peso rotola	$13 \frac{1}{3}$
	Per dodeci ferri di vetri libbre	$3.\ \frac{2}{12}$
	Per dodeci ferri a squadri con loro chiodi a crocco per le finestre libbre	$10.\ \frac{8}{12}$
	Per nove pezzi di piombo per li portieri del sudetto rotola	2
	Per una lustrera fatta alla cantina accosto il pozzo si è fatta una cangella a rezzatura rotola	36
1773	*a 14 Aprile Per un gattone per la bilancia dell'orefice del Banco rotola*	$26 \frac{1}{4}$
	Per tre piastre alla cassa dei pegni con l'interesse rotola	$18 \frac{3}{4}$
	Per 16 grappe per li piperni per detta cassa rotola	$20 \frac{29}{33}$
	Per un'altra piastra per detta cassa rotola	$6 \frac{1}{2}$
	Per piombo per detti ferri rotola	30
	Per chiodi per dette piastre rotola	$3 \frac{1}{2}$
	Per una ramiera nuova per il tavolo della cassa rotola	$33 \frac{1}{4}$
	Per chiodi per serrare detta ramiera rotola	$2 \frac{3}{4}$
	Per due scive per li catenacci per detta cassa rotola	$4 \frac{29}{33}$
	Per 20 ferri alle vetrate delle stanze del Libro-maggiore libbre	5
	Per due corree fatte alli cassoni del tesoro rotola	4

Per sesssantadue ferri per le vetrate della camera dei pegni del Banco libbre 15. 8/12

Per trenta frodizze col loro chiodi per le porte dentro alla Credenzeria di peso rotola 91 ½
Per lamiera per foderare dette porte rotola 1 15
Per cinque catenacci con loro scive e mascature rotola 24
Per dieci cantoni di lamiera di ferro fatti alli cassoni dentro il Tesoro rotola 4 ¼
Per quattro grappe per la portella del pozzo rotola 2 ¾
Per un canalone di lamiera con loro tiranti sopra alla grada del Banco rotola 67
Per due gattoni serviti per detto canale rotola 24 ½
Per cento perni perle filze rotola 38
Un guarnimento alla porta del palcone del Quarto sopra al Banco unitamente con due zeccole alla portella del pozzo e maniglia rotola 3 30/33

6 palconi fatti cantara 6.50 un palc. 1.05

Nota del ferro vecchio consegnato al ferraro Domenico Fontana cioè
1772 *A 11 luglio consegnata due concellate tolte dalle due finestre del guarroba del Banco di peso rotola* 8. 61
A 18 detto. Per due cancelle delle finestre terranee dell'archivio rotola 4. 5

1773 *Per scascatura di dette cancelle con passamano che stava nella grada dell'archivio rotola* 1. 33

4 gattoni per il pozzo rotola 48 ½
4 ferri per li gattoni di legno rot. 4 ½
1 gattone per il pozzo rot. 6 ¼
5 palconi rot. 5.58
2 palc. Piccoli 83 ½

16 aprile, Per una cancella levata alla finestra alla camera dei pegni del Banco dalla parte di sotto la quale era marcita, e franta rotola 3, 86
Per una cancella che stava alla porta dell'antica Credenzieria rotola 1. 14
Per quattro balconi alla romana che stavano Alla grada del Monte senza piastra al di sotto che Erano rotte e marcite, come anche dalla Parte di sotto a tutti li bastoni rotola 2. 19
Per una cancella piccola, che stava nel finestrino dell'ultima camera dell'antico archivio e lo stroncatoro remasto dalle cancello accomodate, con 4 occhi di trave e due traverse, che erano marciti, e rotti rotola <u>80</u>
cantara 21. 98
Per licchetti rotti, e mascature vecchie inservibili e tutte consumate rotola <u>44</u>
cantara 22. 42

Ferraro Domenico Fontana per la fabrica a S. Biasiello
1766 *a 22 marzo pagati D, 116 per cantara 8 di ferro comprato in Dohana a D. 14 H il cantaro per lavorarlo, e farne palconi* 181 D. 116
1766 *A 3 ottobre* 320 <u>64</u>
180

A 18 novembre D, 94.1.5 per compra di cantara 6 ½ di ferro fatta in Dohana a D. 14 e ½ il cantaro per farne palconi e gattoni per il pozzo 334 D. 94.1.5

274.1.5

Dedotti D. 210.1.5 per lo prezzo di Cantara 14 ½ per il ferro comprato alla Dohana D. 210.1.5

Restano per conto suo D. 64

A 17 dicembre pagati D. 53.2.15 a compimento di D. 117.2.15, che D. 64 l'ave ricevuti come sopra 339 D. 53.2.15

Saldato 117.2.15

Sempre per il Banco e Sacro monte riportiamo un altro documento che temporalmente non segue l'ordine ma i precedenti conti fanno parte di un unico volume per cui quelli sfusi sono elencati fuori data come il seguente:

"*Al ferraro Domenico Fontana D. 58.4.7 e sono cioè D. 26 per il prezzo di un torchio nuovo fatto per imprimere il suggello delle fedi di Credito col suo bastone di sopra, chiavetta e zeppa per tenuta di detto torchio tirata tutta a forza di lima e sua politura*".

(ASBN/Poveri, patr. conc. matr. 685, del 4 settembre 1772, f. 157)

Lavori per l'oratorio del Sacro Monte e Banco dei Poveri

"*Al ferraro Domenico Fontana D. 265.3.12 a compimento di D. 285.4.12, e tutti sono cioè D. 278.4.12 per lo prezzo di cantara 4 e rotola 89 ⅓ di ferro lavorato con fiori, e fronde valutato alla ragionbe di D. 57 iul cantaro per la macchina di ferro fatta per uso dell'altare della nostra congregazione, da situarsi in esso tempo delle 40 ore si fsnno ivi in ogni anno ordinata farsi detta macchina colla concessione de 23 febraio di questo anno e D. 7 sono per le sole fatighe fatte per scomporre e comporre i ferri proprj del Banco per una piramide fatta, la quale si appoggia sopra della custodia, atteso li mancanti D. 10.1 complimento di D. 285.4.12 l'ave ricevuti in rotola 68 di diversi ferri vecchi del Banco, valutati alla ragione di grana 15 il rotolo giusta la di lui nota tassata del nostro Magnifico Ingegnere Don Gaetano Barba, letta in Banca ed ordine suddetto*"*

(A.S.B.N./Banco dei Poveri, patr.matr. 684, f.503 n. 14 e 504 n. 19, conclusioni del 30 agosto 1770)

* La macchina venne poi argentata e dorata con la mecca dal "*mastro indoratore Pasquale Biancardi*" che a tal uopo ricevette 46 ducati.

Lavori di committenza privata

Per Pietro Paolo Sambiase[46]
Nota dei lavori di ferri fatti per la casa delli signori Don Pietro Paulo San Biaso sito a Chiaja fatto da me Domenico Fontana

30	*Per aver fatto per la finestra della sala dui licchetti con loro monacelli alla ragione di grana venti cinque ogni uno*	D. 0.50
15	*Per aver fatto per la finestra della sala un altro licchetto con suo momachetto* D. 0.25	
75	*Per aver fatto per la porta della sala una mascatura a mappa con chiave e una zecola di palmi una circa*	D. 1
30	*Per aver fatto per la porta delli passetto una zecola e uno lichetto con suo monacello*	D. 0.55
2.80		
15	*Per aver fatto sette mascature di porta con chiave diferente con loro grap-*	
2.80	*pe alla ragione di carlini sei ogni una*	D. 4.20
15	*Per avere fatto una zecola di finestra con loro piastra*	D. 0.30
30	*Per avere fatto due mascature di stipo con due chiave diferente con loro vanci e scive alla ragiome di grana venti cinque ogni una*	D. 0.50
15	*Per avere fatto per la finestra di dentro uno lichetto con suo monachetto*	D. 0.25
1.20	*Per avere fatto per le porte di dentro due mascature con chiave a mappa alla ragione di carlini otto ogni una*	D. 1.60
15	*Per avere fatto uno lichetto per la porta di dentro con suo monachetto*	D. 0.25
10	*Per avere fatta per la vanti porta una maniclia con loro chiave*	D. 0.18
77	*Per avere fatto per li preposto tre mascature con chiave e vance e scive alla ragiome di grana quaranta ogni una fa la summa di carlini dodeci dico*	D. 1.20
30	*Per avere accomodato due mascature e fattoci due chiave e uno castelletto nuovo*	D. 0.50
20	*Per avere accomodato sei lichetti vecchi e fattoci tutti monacetti*	D. 0.20
10	*Per portature di detti lavori*	D. 0.15
		D. 12.93

*Essendosi riconosciuta la suddetta nota de ferramenti, ed accomodi fatti a tutte spese di materiale e maggiormente dal ferraio Domenico Fontana per serviggio della casa del signor don Pietro Sanbiase, sita a San Lonardo di Chiaia, importante docati dodeci e grana novantatre, da me considerata si tassa per docati sette e grana settanta come si osserva nello margine di detta nota**
Napoli 19 agosto 1751
Don Gaetano Buonocore Regio Ingegnere

* Sulla sinistra della nota presentata dal ferraro si rilevano delle cifre che stanno ad indicare il valore in ducati e grana dati dall'apprezzo fatto dall'ingegnere direttore dei lavori.

(A.S.B.N. Banco dei Poveri, filza. Polizza di/ducati, 3 tarì e 10 grana, estinta il 23 agosto 1751)

Per Tommaso de Rosa

"*A Don Tommaso de Rosa D. 5… pagate a Mastro Domenico Fontana per tutti li ferri nuovi ed accomodi di ferri fatti per tutte le case mie 44) fino al presente giorno.*

Napoli 22 giugno 1767"

(A.S.B.N./Banco dei Poveri, g, matr, 1723. Partita di 5 ducati, estinta il 17 luglio 1767)

"*Al ferraro Domenico Fontana per diversi lavori di ferro, ruote, piombo, ed altro fatto per lo suddetto letterino D. 12___14**

(A.S.B.N./Banco dei Poveri, patr. Matr. 338, f. 91, 24 dicembre 1779)

* Il falegname che costruì il letterino per il libro di terze, composto "*in legno di noce a quattro telai*" fu Giuseppe Mascolo (ibid.).

Registro originale manoscritto di Domenico Fontana
dei conti per i lavori al Sacro Monte e Banco dei Poveri

di cui alla precedente trascrizione *(ASBN/Poveri, patrimoniale, volume "Lavori di fabbrica")*

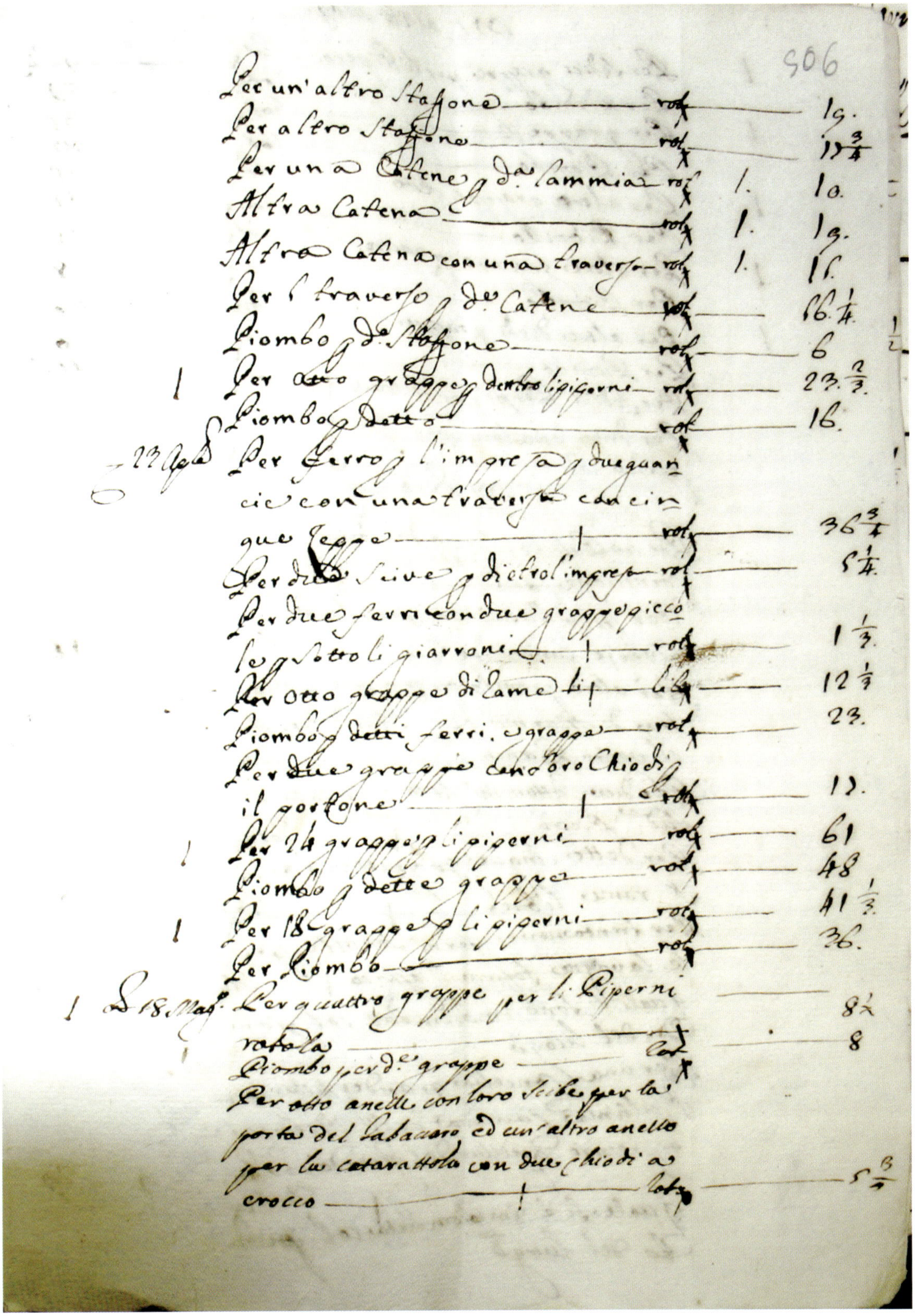

506

Per un'altro Staffone — rot. — 19.
Per altro Staffone — rot. — $17\frac{3}{4}$
Per una Catene p. d.a lammia — rot. 1. — 10.
Altra Catena — rot. 1. — 19.
Altra Catena con una traversa — rot. 1. — 16.
Per l traverso p. d.e Catene — rot. — $16\frac{1}{4}$.
Piombo p. d.o Staffone — rot. — 6
1 Per otto graffe p. dentro li piperni — rot. — $23\frac{2}{3}$.
Piombo p. detto — rot. — 16.
23 Apr.le Per ferro p. l'impresa p. due quan
cie con una traversa con cin
que [illegible] — rot. — $36\frac{3}{4}$
Per due [illegible] p. dietro l'impresa — rot. — $5\frac{1}{4}$.
Per due ferri con due graffe picco
le p. sotto li giarroni — rot. — $1\frac{1}{3}$.
Per otto graffe di lame [illegible] — lib. — $12\frac{1}{3}$
Piombo p. detti ferri, e graffe — rot. — 23.
Per due graffe con loro Chiodi
il portone — rot. — 17.
1 Per 24 graffe p. li piperni — rot. — 61
Piombo p. dette graffe — rot. — 48
Per 18 graffe p. li piperni — rot. — $41\frac{1}{3}$.
Per Piombo — rot. — 36.
1 A 18 Mag.o Per quattro graffe per li Piperni — $8\frac{1}{2}$
rotola — 8
Piombo per d.e graffe
Per otto anelli con loro [illegible] per la
porta del [illegible] ed un'altro anello
per la cataratta con due chiodi a
crocco — rot. — $5\frac{3}{4}$

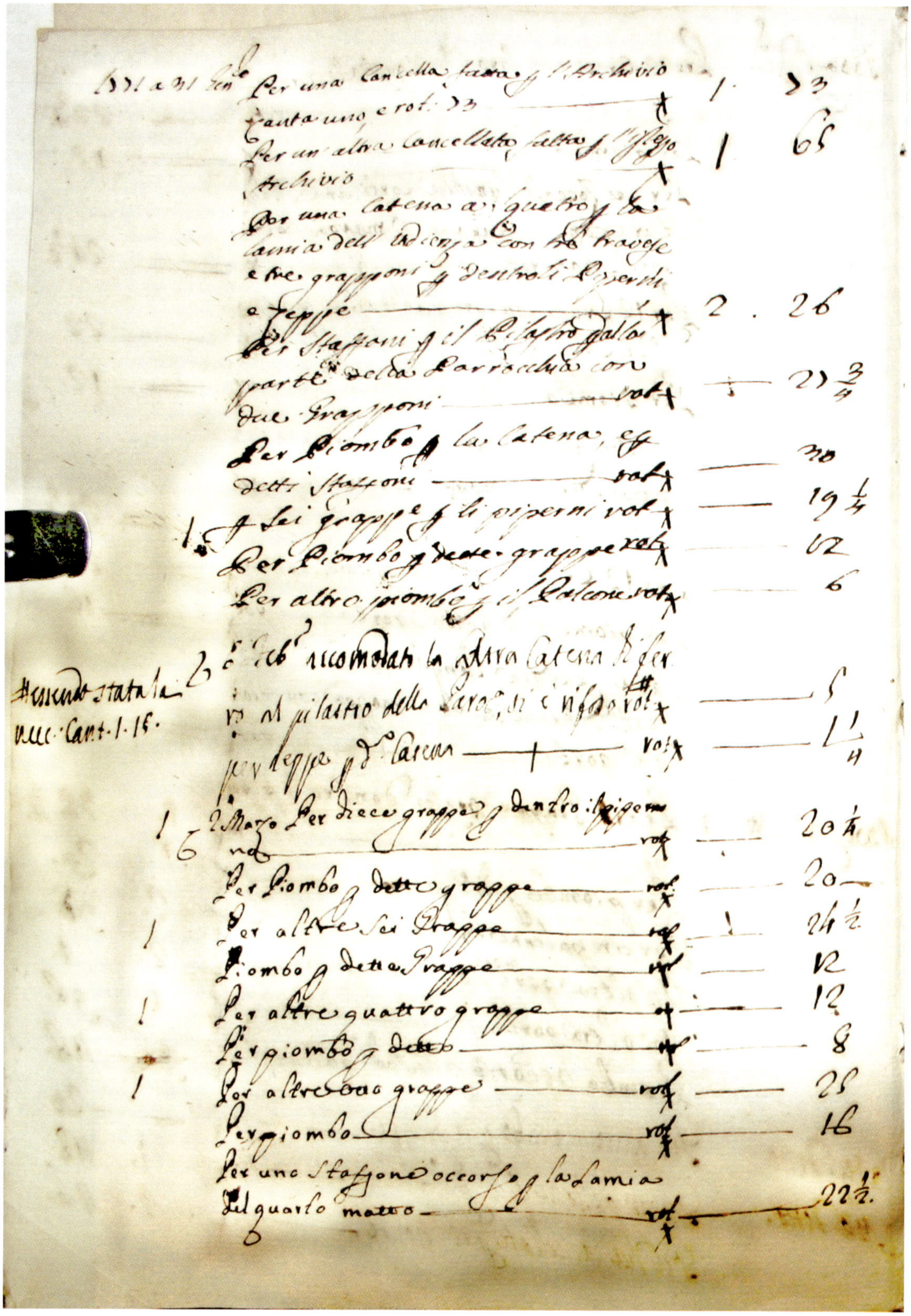
1771 a 31 Gen.ro Per una Cancella fatta p l'Archivio
pesata uno, e rot. 33 — 1 . 33
Per un altra Cancellata fatta p l'Istesso — 1 . 65
Archivio
Per una Catena a quattro p la
lamia dell'Udienza con tre traverse
e tre grapponi p dentro li Piperni
e Zeppe — 2 . 26
Per Staffoni p il Pilastro dalla
parte della Parrocchia con
due Grapponi — rot. — 27 3/4
Per Piombo p la Catena, e
detti Staffoni — rot. — 30
p Sei grappe p li piperni rot. — 19 1/4
Per Piombo p dette grappe rot. — 12
Per altro piombo p il Balcone rot. — 6
Essendo stata la vecc. Cant. 1.15.
2 detto ricomodata la altra Catena di fer
ro al pilastro della Parro.a, si è visto rot. — 5
per zeppe p d.a Catena — rot. — 1 1/4
2 Marzo Per diece grappe p dentro i piperni
rot. — 20 1/4
Per Piombo dette grappe — rot. — 20
Per altre sei Grappe — rot. — 24 1/2
Piombo p dette Grappe — rot. — 12
Per altre quattro grappe — 12
Per piombo detto — 8
Per altre due grappe — rot. — 28
Per piombo — rot. — 16
Per una Staffone occorso p la Lamia
del quarto matto — rot. — 22 1/2

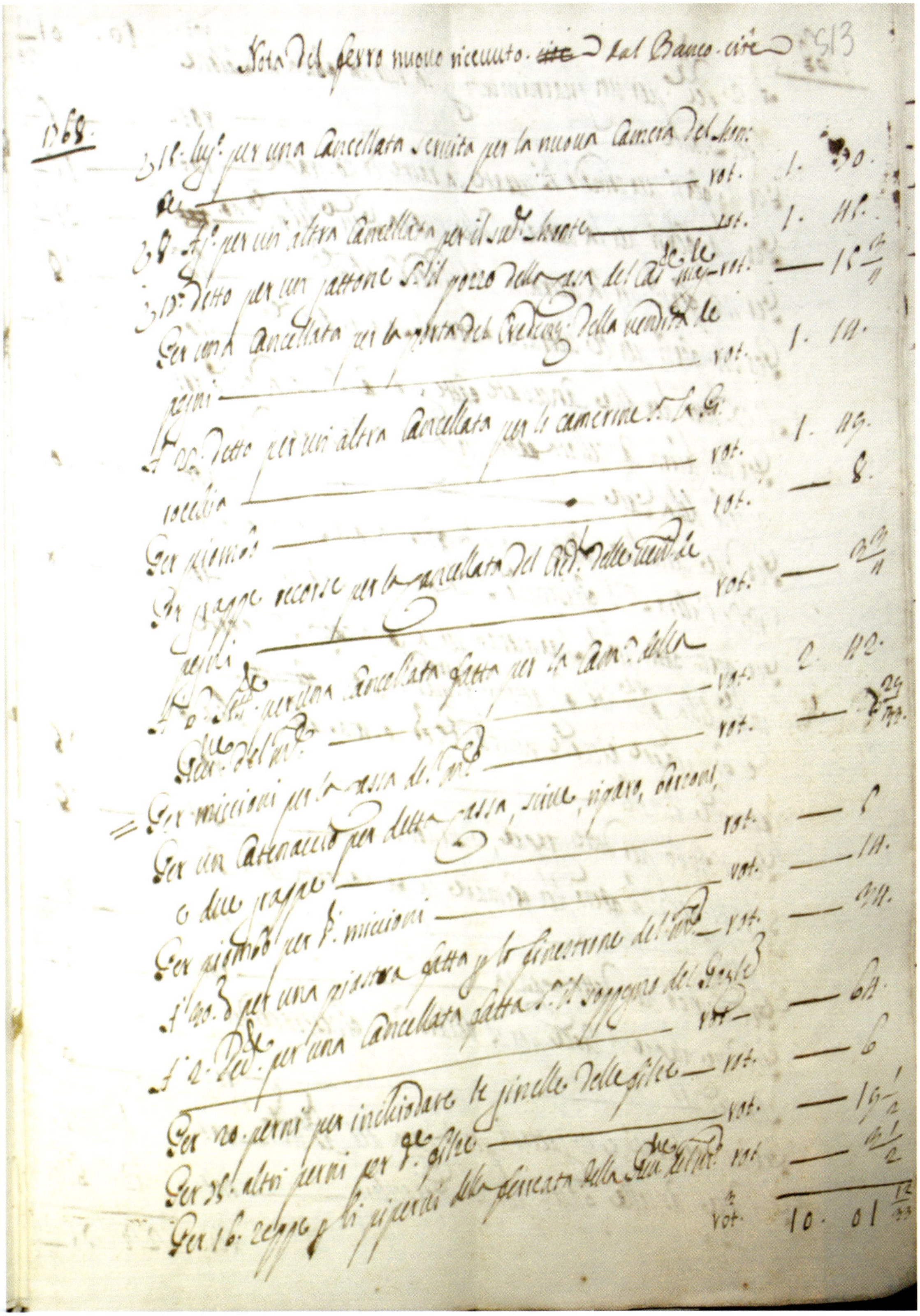
Nota del ferro nuovo ricevuto dal Banco 813
1768.
a 16 lug.° per una Cancellata servita per la nuova Camera del ... rot. 1. 30.
a 8 Ag.° per un'altra Cancellata per il sud.° ... rot. 1. 16.
a 15 detto per un pattone s. il pozzo ... rot. — 15
Per una Cancellata per la porta del Credenz.° della vendita de pegni rot. 1. 14.
a 22 Detto per un'altra Cancellata per li camerini ... rot. 1. 19.
rot. — 8.
Per piombo rot.
Per grappe occorse per la cancellata ... delle vendite de pegni rot.
a ... Detto per una Cancellata fatta per la Cam.° della ... rot. 2. 12.
Per ... rot.
Per un Catenaccio per detta cassa ... rot. — 6
e due grappe rot. — 14.
Per piombo per d. micciani rot. — 24.
Per ... rot. — 6
Per ... rot. — 6
Per 10 perni per ... rot. — 19
Per 28 altri perni per d. ... rot.
Per 16 ... rot. 10. 01

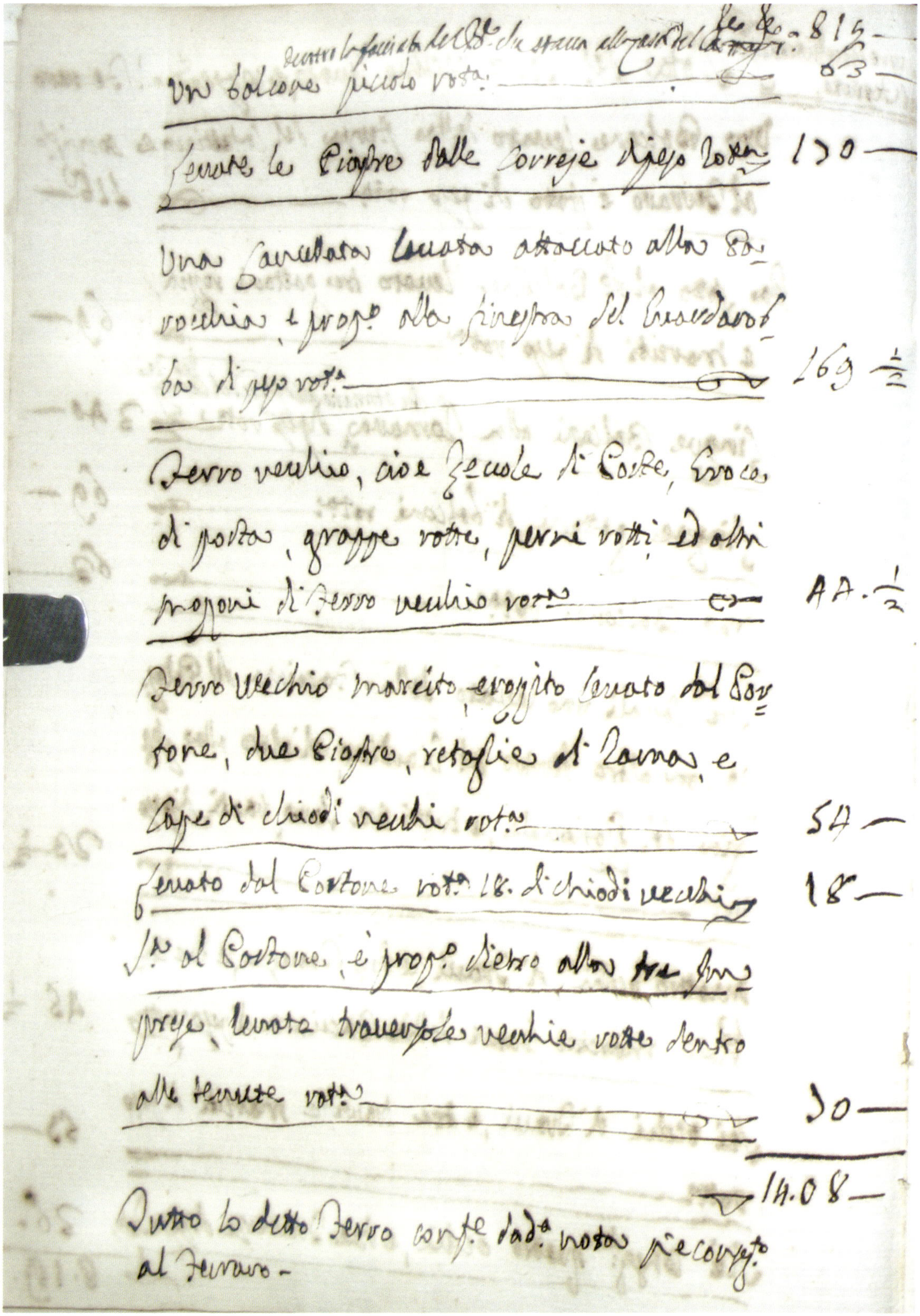

dentro la facciata del Pal.o che stava alla parte del Cortile — Lib. 819 —

Un balcone piccolo vot.a — 63 —

Levate le Piastre dalle Correge di peso rott.e — 130 —

Una Cancellata levata attaccato alla Bo-
cchiria, è prop.o alla finestra del Guardarob-
ba di peso vot.e — 169 1/2

Ferro vecchio, cioè Zeccole di Porte, Croce
di porta, grappe rotte, perni rotti, ed altri
pezzoni di ferro vecchio vot.e — 44 1/2

Ferro vecchio marcito, e rotto levato dal Por
tone, due Piastre, retaglie di Lama, e
Capo di chiodi vecchi vot.e — 54 —

Levato dal Portone vot.e 18. di chiodi vecchi — 18 —

S.o al Portone, è prop.o dietro alla tre fin
estre, levate traverzole vecchie rotte dentro
alle terrazze vot.e — 30 —

1408 —

Tutto lo detto Ferro consig.e dad.o vota sic congiunto
al Ferraro —

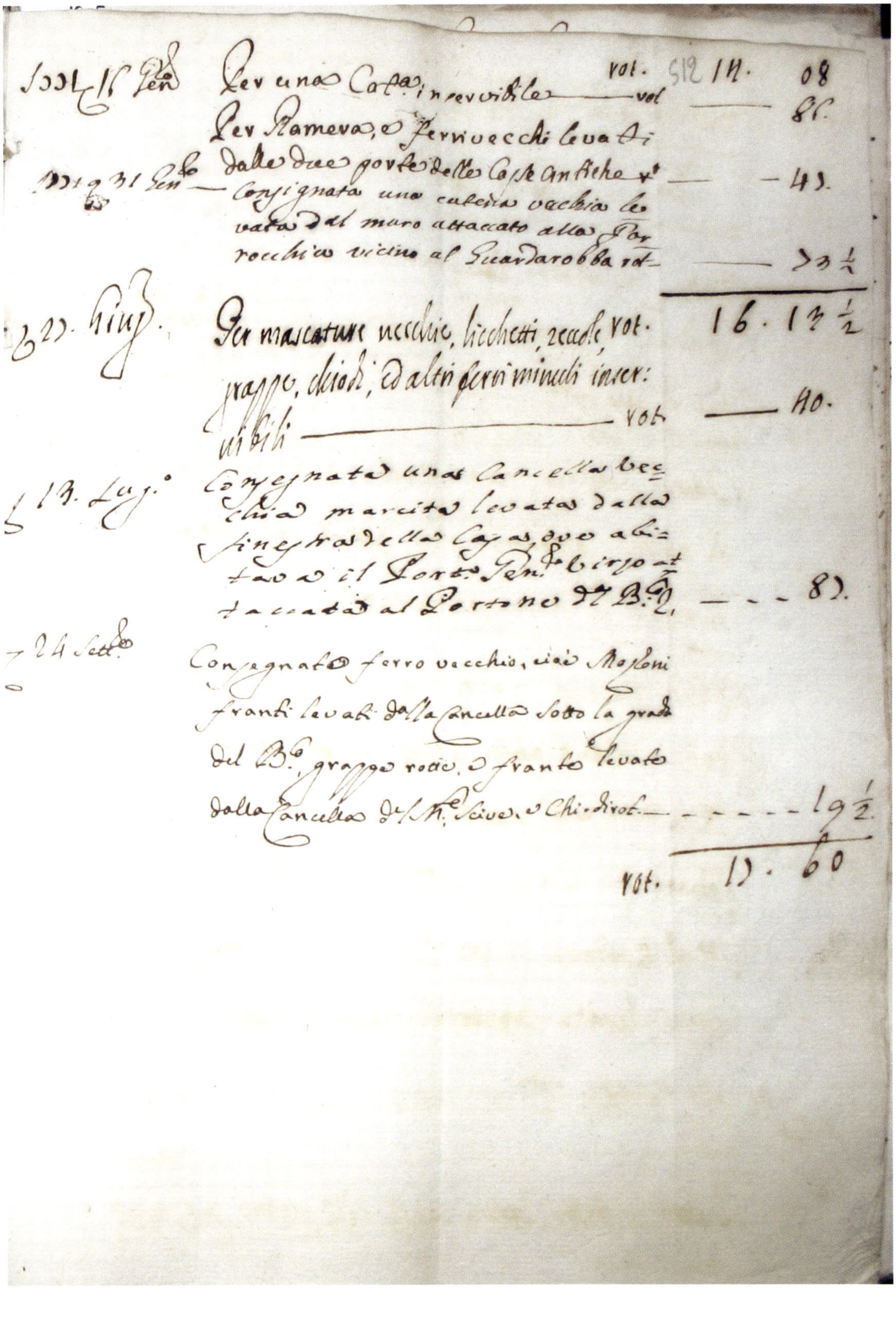
vot. 512 14. 08

1732 15 Gen.ro Per una Cat.a inservibile — vot — 85.

Per Ramera, o ferrivecchi levati dalle due porte delle Case antiche vot — 43.

1729 31 Gen.ro — Consignata una catena vecchia levata dal muro attaccato alla Porticella vicino al Guardarobba vot. — 23 1/2

16. 13 1/2

22. Giug.o Per mascature vecchie, licchetti, zeccole, grappe, chiodi, ed altri ferri minuti inservibili — vot. — 40.

13. Lug.o Consegnata una Cancella vecchia marcita levata dalla finestra della Casa, ove abita il Port.o Gen.le Ciroso attaccata al Portone del B.o — 87.

24 Sett.re Consegnato ferro vecchio, cioè Mosloni franti levati dalla Cancella sotto la grada del B.o, grappe rocie, o franto levato dalla Cancella de' S.ri Scivo, o Chi. vot. — 19 1/2

vot. 17. 60

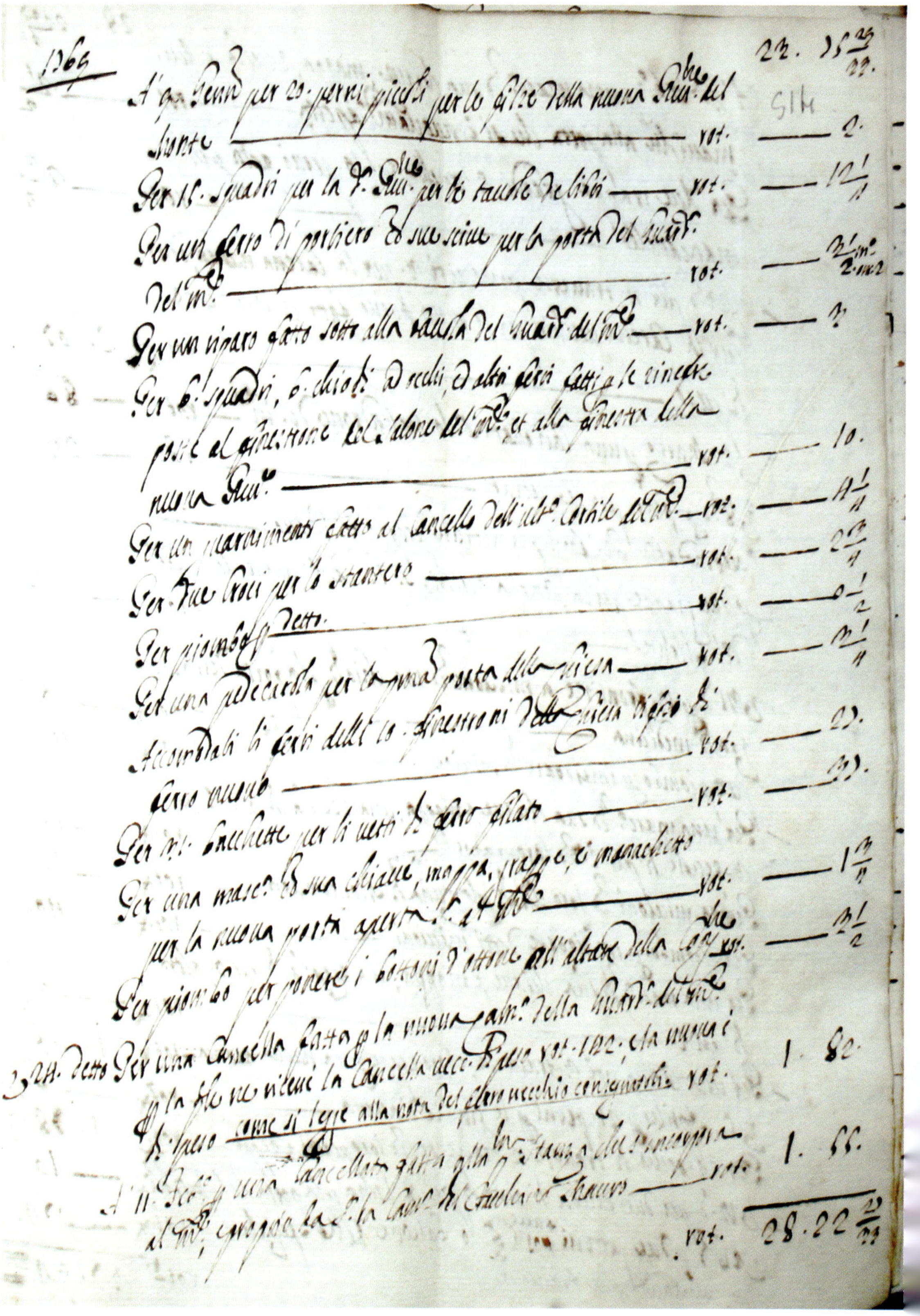

1769

A' 9 Genn.o per 20. perni piccoli per le gelosie della nuova Chiesa del Ponte — vot. — 2.

Per 15. squadri per la d.a Chiesa per le tavole de libri — vot. — 12 1/4

Per un ferro di portiero con sue [illegible] per la porta del Guard.a del M.ro — vot. — [illegible]

Per un riparo fatto sotto alla tavola del Guard.a del M.ro — vot. — 3

Per 6. squadri, 6. chiodi [illegible], ed altri ferri fatti per le [illegible] poste al finestrone del salone del M.ro et alla finestra della nuova Chiesa — vot. — 10.

Per un [illegible] fatto al Cancello dell'alt.o Cortile del M.ro — vot. — 4 1/4

Per due Croci per lo [illegible] — vot. — 2 3/4

Per piombo per detto — vot. — 0 1/2

Per una [illegible] per la prima porta della Chiesa — vot. — 2 1/4

Accomodati li ferri delle 10. finestroni della Chiesa [illegible] di ferro nuovo — vot. — 22.

Per [illegible] bacchette per li vetri di ferro filato — vot. — [illegible]

Per una masc.a con sua chiave, maggia, grappe, e manachetto per la nuova porta aperta [illegible] — vot. — 1 3/4

Per piombo per porre i bottoni d'ottone all'altare della Chiesa — vot. — 3 1/2

24. detto Per una Cancella fatta per la nuova cam.a della Guard.a del M.ro [illegible] la Cancella vecc.a di peso vot. 102, [illegible] peso come si legge alla nota del ferro vecchio consegnatoli — vot. — 1. 80.

A' 11. Dec.e per una cancellata fatta alla [illegible] stanza del [illegible] al M.ro [illegible] — vot. — 1. 55.

vot. 28. 22

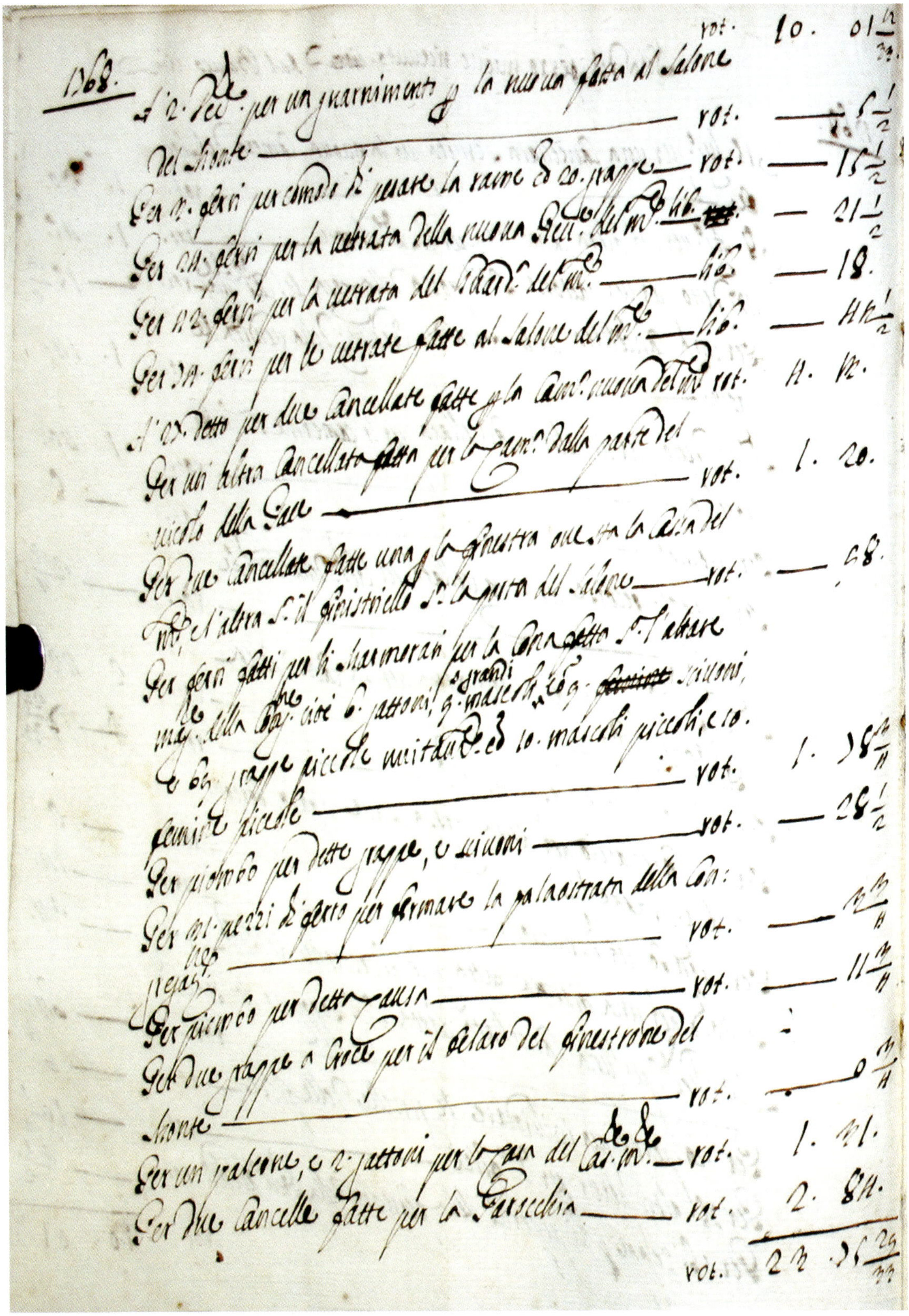
rot. 10. 01 12/33

1768. A' 2. D.to per un guarnimento p. la nuova fatta al Salone del Monte — rot. — 5 1/2

Per 10. ferri per comodo di pesare la rame ed 20. grappe — rot. — 15 1/2

Per 11. ferri per la ritirata della nuova Sacr.a del m.o — lib. — 21 1/2

Per 12. ferri per la ritirata del Scard.o del m.o — lib. — 18.

Per 12. ferri per le ritirate fatte al Salone del m.o — lib. — 44 1/2

A' 08. detto per due cancellate fatte p. la Cam.a nuova del m.o — rot. 4. 12.

Per un'altra cancellata fatta per la Cam.a dalla parte del vicolo della Pace — rot. 1. 20.

Per due cancellate fatte una p. la finestra ove sta la Cassa del Tes., e l'altra s. il finistriello s. la porta del Salone — rot. — 58.

Per ferri fatti per li Marmorari per la Cona fatta s. l'altare mag. della Chiesa cioè 6. pattoni, 9. grandi mascoli e 9. femine zinconi, e 62. grappe piccole [illegible] ed 10. mascoli piccoli, e 10. femine piccole — rot. 1. 38 [illegible]

Per piombo per dette grappe, e zinconi — rot. — 28 1/2

Per 41. pezzi di ferro per fermare la palaostrata della Cona che sporge — rot. — 2 [illegible]

Per piombo per detta causa — rot. — 11 [illegible]

Per due grappe a croce per il selaro del finestrone del Monte — rot. — 0 [illegible]

Per un falcone, e 2. pattoni per la casa del Cas.re del m.o — rot. 1. 41.

Per due cancelle fatte per la Parrocchia — rot. 2. 84.

rot. 22. 36 29/33

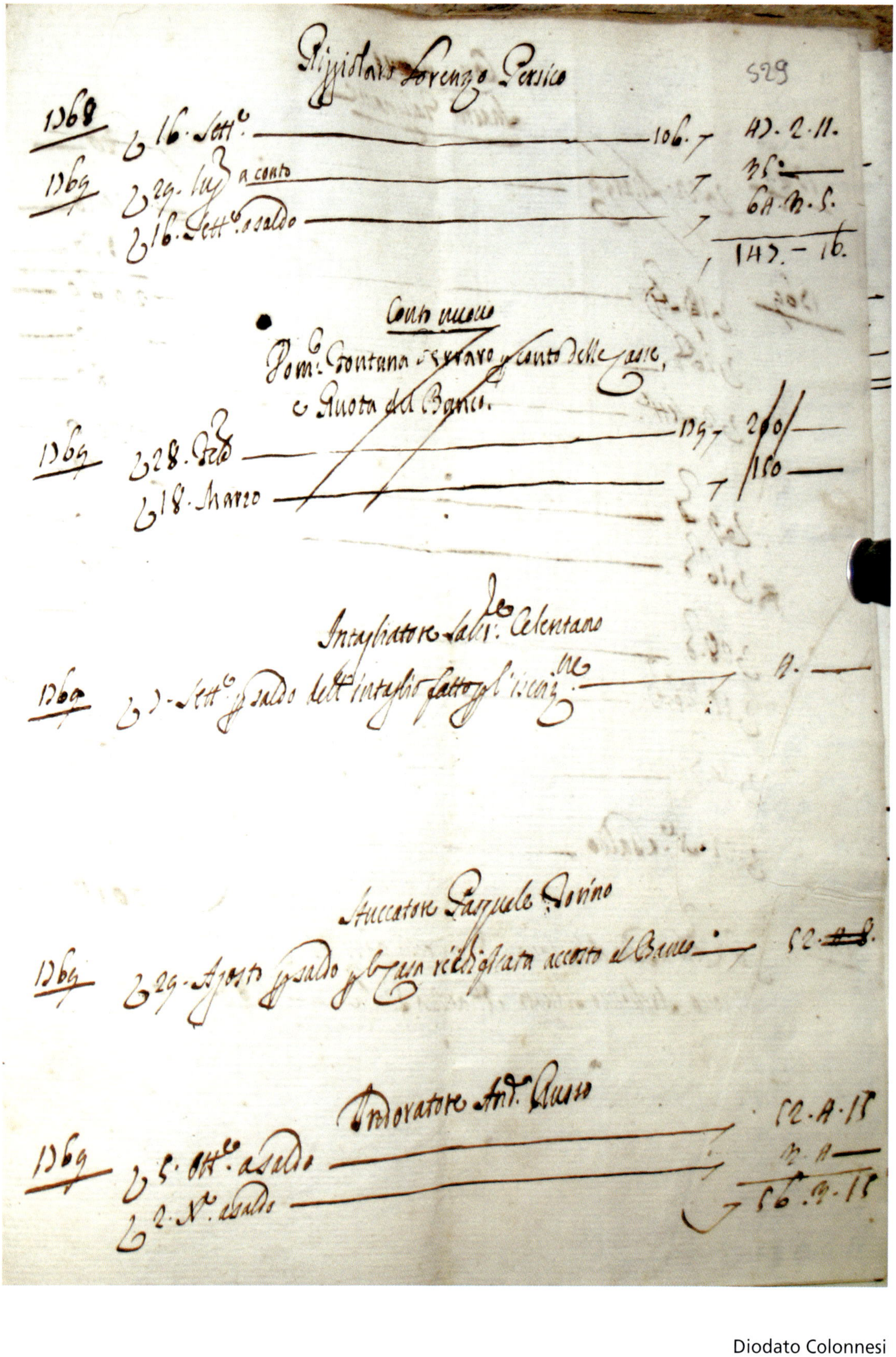

Riggiolaro Lorenzo Persico 529

1768 a 16 Sett.e — 106 — 47.2.11

1769 a 29 lug.o a conto — 35.—

a 16 Sett.e a saldo — 64.2.5

147.—.16

Conto nuovo

Dom.co Fontana ferraro per conto delle Case, e Ruota del Banco.

1769 a 28 feb.o — 139 — 200

a 18 Marzo — 150

Intagliatore Salv.re Celentano

1769 a 7 Sett.e per saldo dell'intaglio fatto per l'iscriz.ne — 12.—

Stuccatore Pasquale Iovino

1769 a 29 Agosto per saldo per la Cassa rettificata accosto al Banco — 52.—.8

Indoratore And.a Russo

1769 a 5 Ott.e a saldo — 52.4.15

a 2 N.e a saldo — 4.4

56.3.15

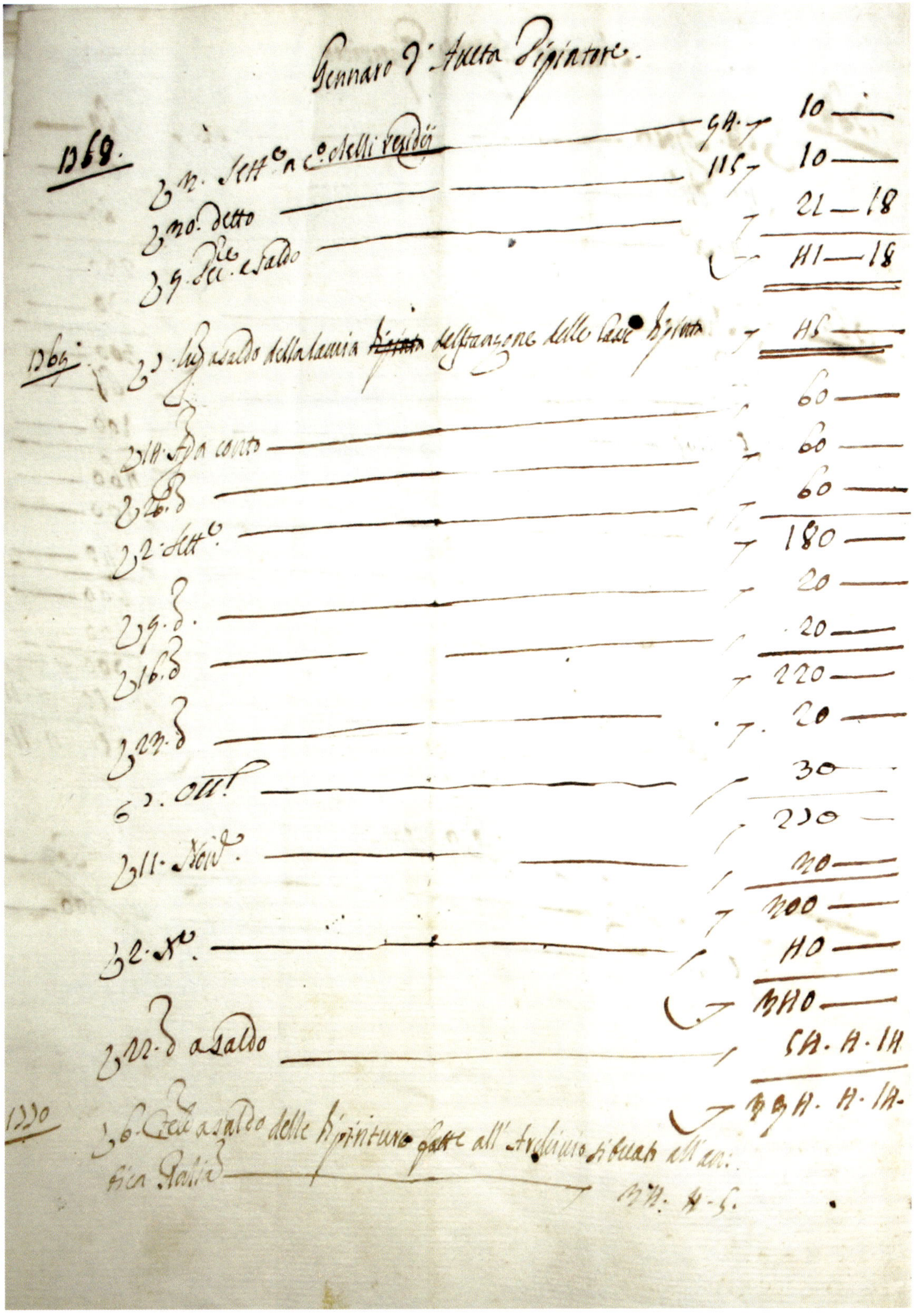
Gennaro d'Auletta Dipintore
1768.
a 20. detto
a 9 dec.re a saldo
10
10
21—18
41—18
1769
45
a 14 d.o a conto
60
60
60
180
20
20
220
20
30
40
a 22 d.o a saldo
1770
all'Archivio

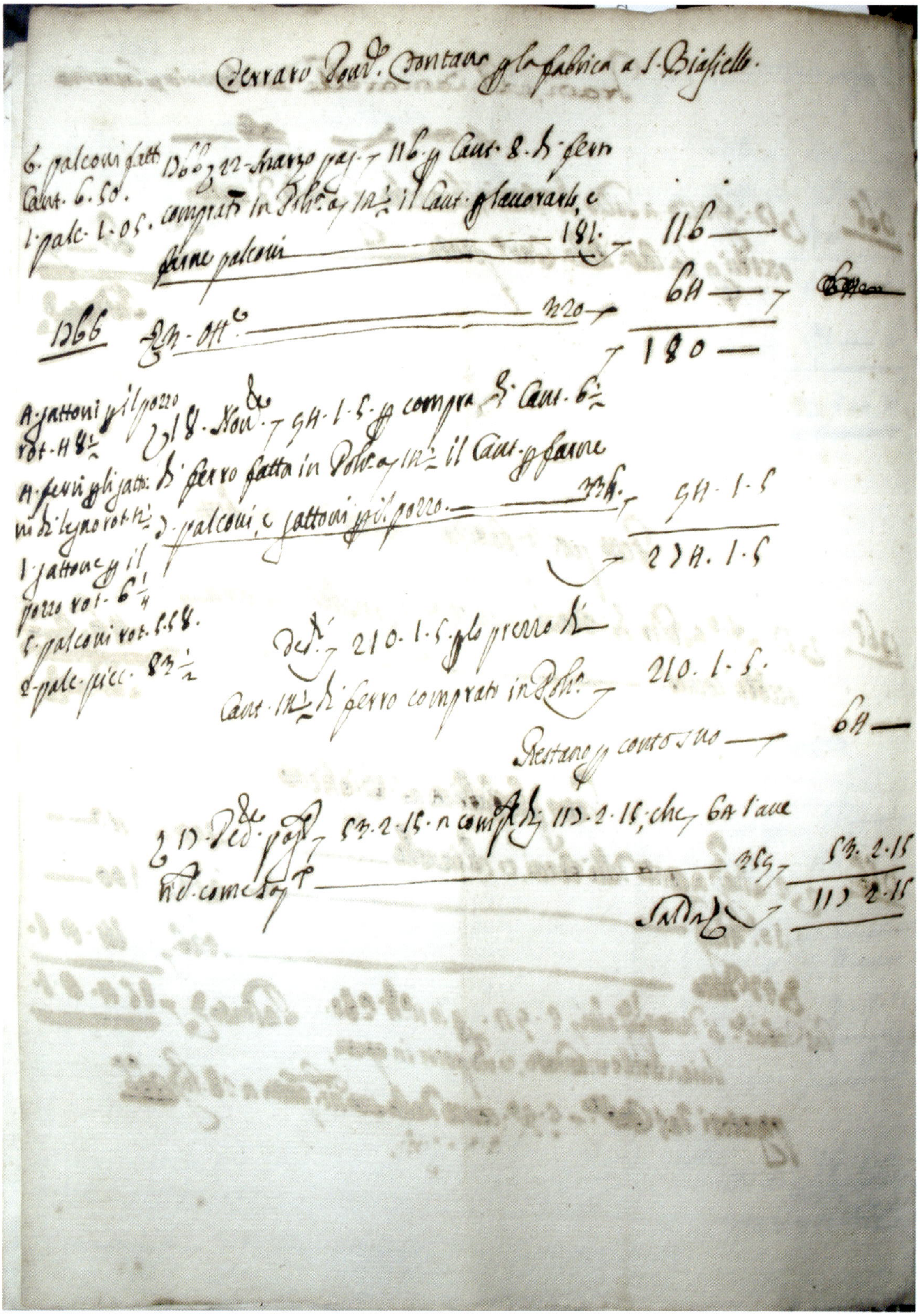
Ferraro Cont.° contante p. la fabrica a S. Biasiello.
6. palconi fatti Cant. 6.50.
1 palc. 1.05.
1666 22 marzo pag. 116 p. cant. 8. di ferro comprati in Poli a 14½ il cant. p. lavorarli e fare palconi — 181 — 116
1666 24 ott.e — 220 — 64
180
4 gattoni p. il pozzo rot. 48½
4 ferri p. li gattoni di legno rot. 14½
1 gattone p. il pozzo rot. 6¼
5 palconi rot. 558.
2 palc. picc. 83½
Ed 18 Nov.e 94.1.5 p. compra di Cant. 6½ di ferro fatta in Poli a 14½ il Cant. p. fare d. palconi, e gattoni p. il pozzo — 334 — 94.1.5
274.1.5
Ded.i 210.1.5 p. lo prezzo di Cant. 14½ di ferro comprati in Poli — 210.1.5
Restano p. conto suo — 64
E 17 Dec.e pag. 53.2.15 a compim.to di 117.2.15, che 64 l'ave riceuto come sop.a — 355 — 53.2.15
117.2.15
Saldato

Nota di ferri per accomodarsi allo Abitaro quarto dove
Abita il Magiuolo

550

...nd. 15 licchetti per le finestre e Balconi
...a pesela per il Balcone
...i Joragliati per le Bogole
...a mos.ra di stipo

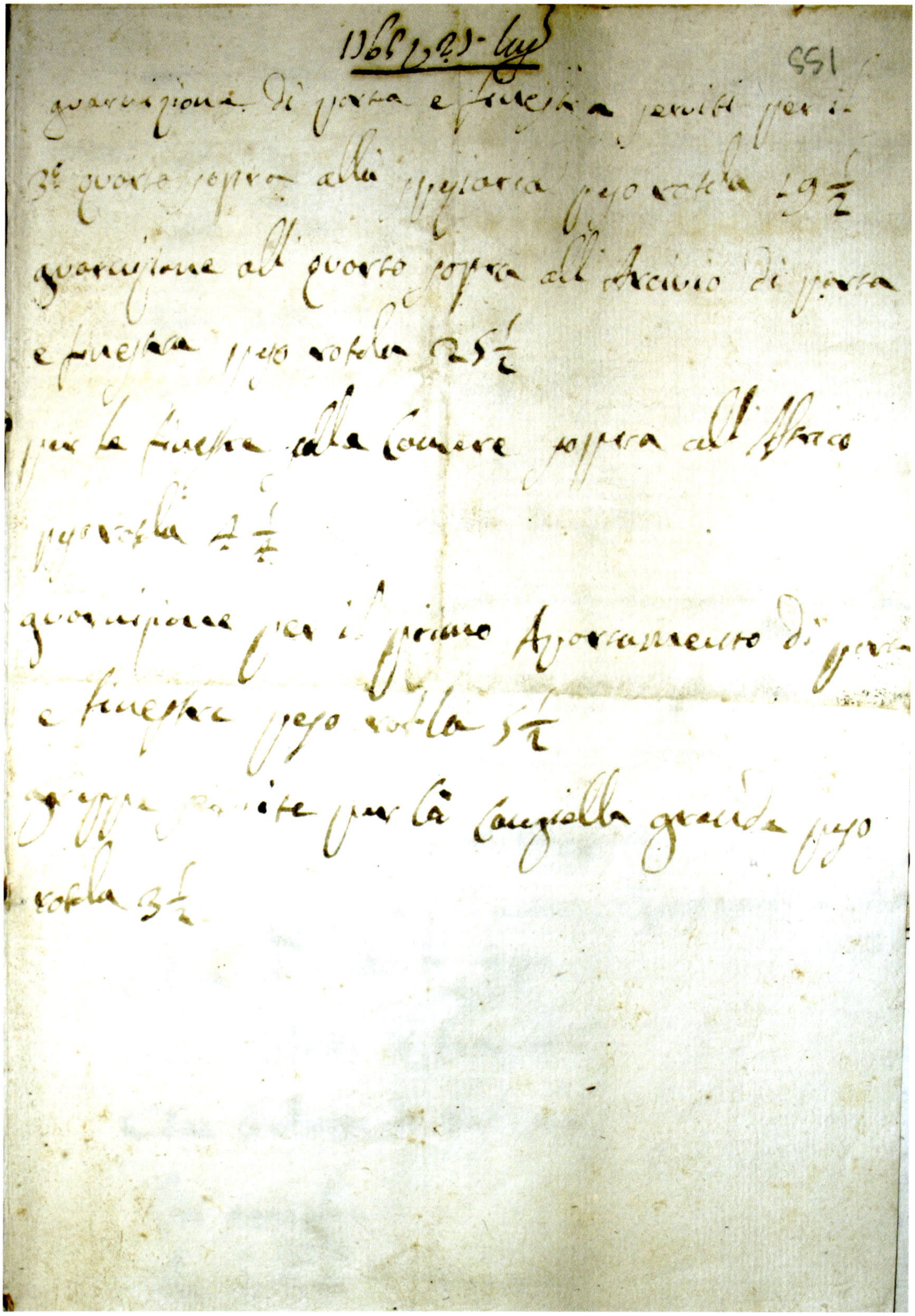
1766 25 lug
155
guarnizione di porta e finestra serviti per il
3° quarto sopra alla segreteria peso rotola 19 1/2
guarnizione al quarto sopra all'Archivio di porta
e finestra peso rotola 25 1/2
per la finestra della Camera sopra all'Archivio
peso rotola 2 1/2
guarnizione per il primo Appartamento di porta
e finestra peso rotola 5 1/2
[illegible] servite per la Cancelleria grande peso
rotola 3 1/2

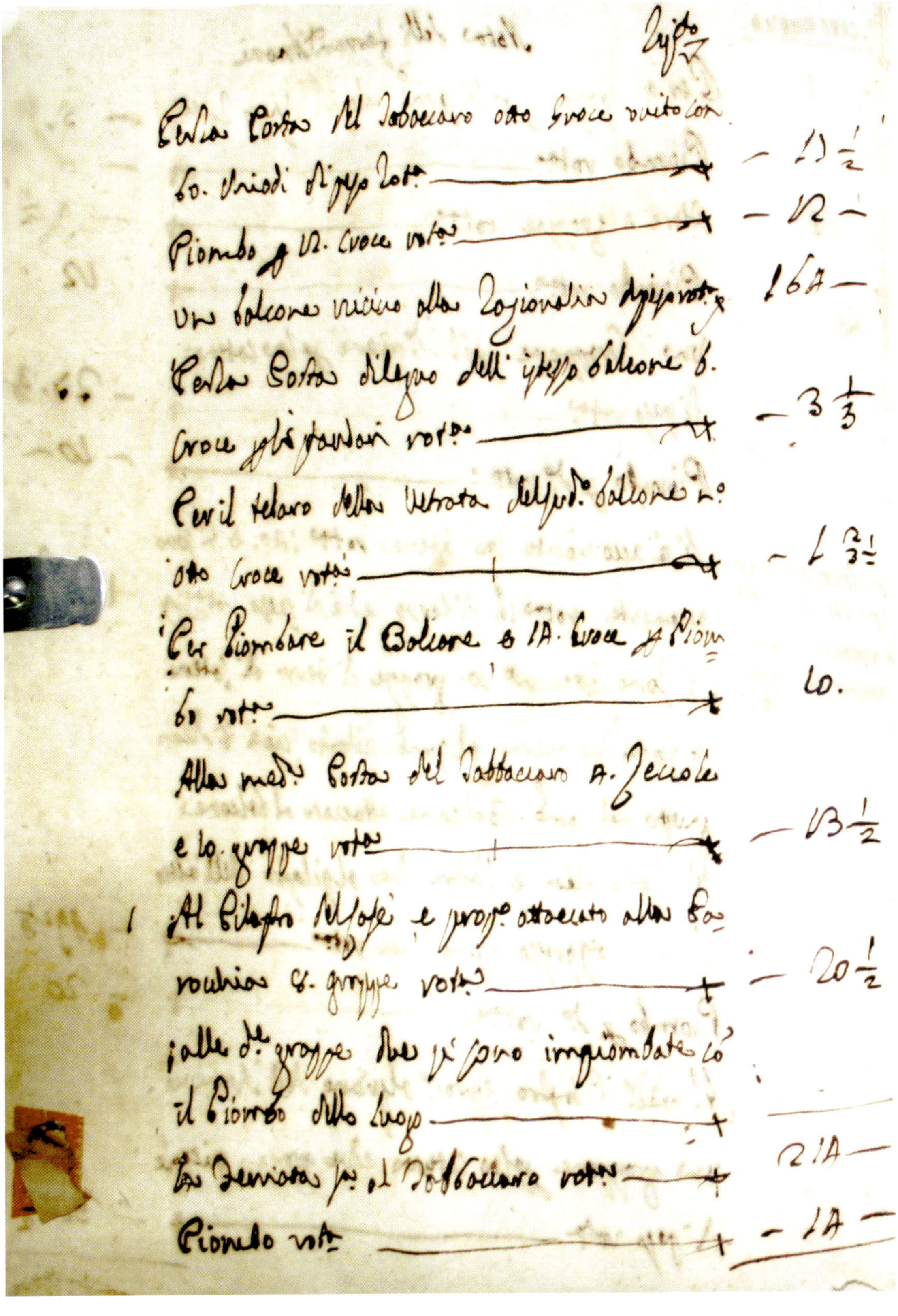
Per la Porta del Tabbaccaro otto Croce vite con
60. Viti di rispo rot.° — 13 1/2
Piombo p. 12. Croce rot.° — 12 —
Un balcone vicino alla Rasionalia di rispo rot.° 164 —
Per la Porta di legno dell'istesso balcone 6.
Croce p. li pardari rot.° — 3 1/3
Per il telaro della vetrata dell'sud.° balcone n.°
otto Croce rot.° — 2 2/3
Per Piombare il Balcone e 14. Croce p. Piom
60 rot.° 60.
Alla med.a Porta del Tabbaccaro 4. Zeccole
e 10. grappe rot.° — 13 1/2
Al Pilastro dell'Mosè e prop.e attaccato alla Ba
rouhia 6. grappe rot.° — 20 1/2
alle d.e grappe due li sono impiombate co
il Piombo dello luogo
La Ferriata p. il Tabbaccaro rot.° 214 —
Piombo rot.° — 14 —

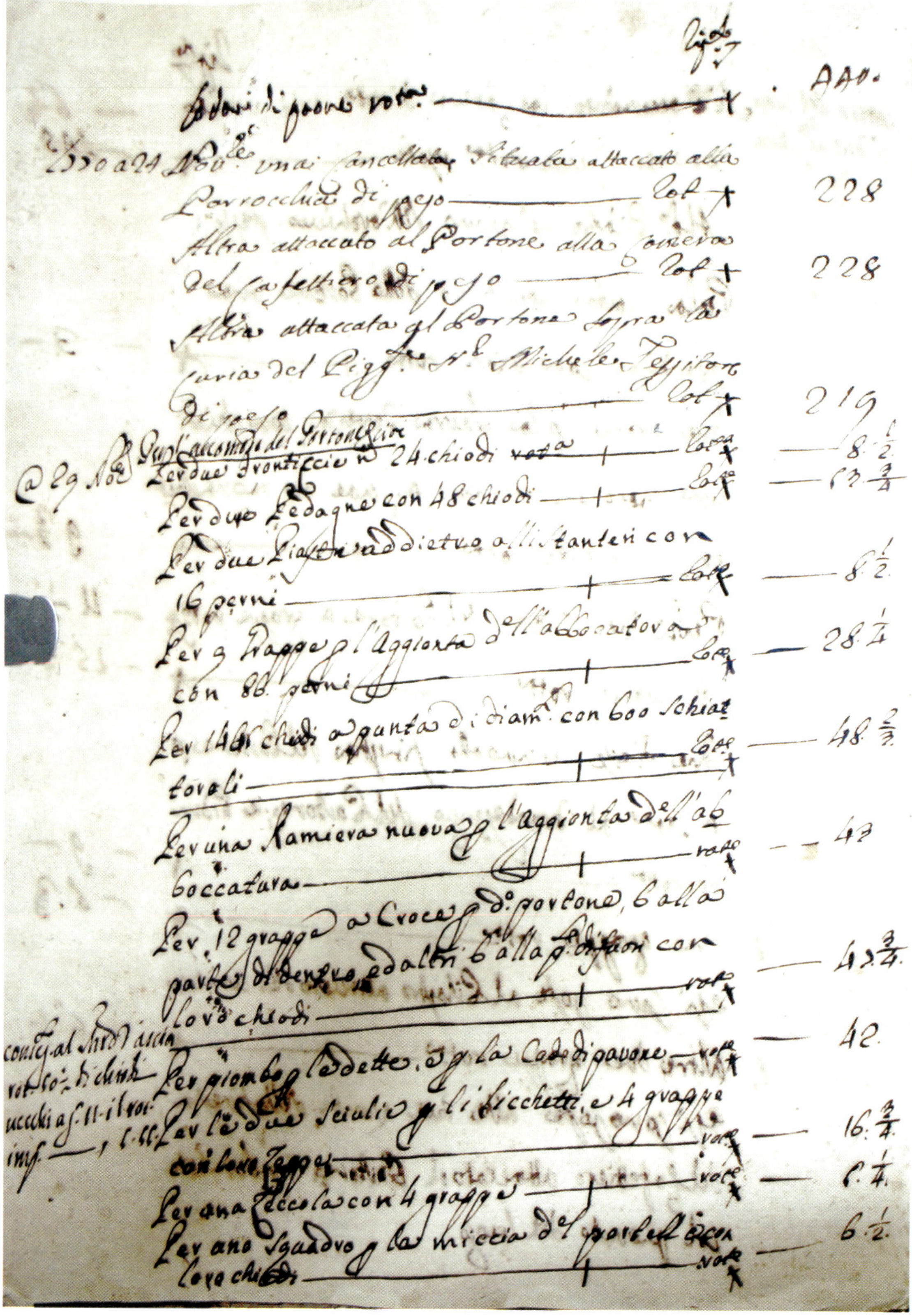

Sodori di proove vota — AA0.

1730 a 24 Nov.re una cancellata situata attaccato alla Parrocchia di peso — lb. 228

Altra attaccato al Portone alla Camera del Castelliero di peso — lb. 228

Altra attaccata al Portone sopra la Curia del Sig. Sn.r Michele Tessitore di peso — lb. 219

a 29 Nov. Per l'accomodo del Portone [illegible]
Per due frontiscie con 24 chiodi — 8 1/2
Per due Fedagne con 48 chiodi — 13 3/4
Per due Piastre addietro all'istanteri con 16 perni — 8 1/2
Per 9 Grappe per l'aggionta dell'abboccatura con 88 perni — 28 1/4
Per 1400 chiodi a punta di diam.te con 600 schiattoroli — 48 2/3
Per una Ramiera nuova per l'aggionta dell'abboccatura — 43
Per 12 grappe a Croce per il portone, 6 alla parte di dentro ed altri 6 alla parte di fuori con loro chiodi — 41 3/4
— 42
Per piombo per le dette 3 per la Coda di pavone
Per le due Sciulio per li Scicchetti e 4 grappe con loro Zeppe — 16 3/4
Per una Zeccola con 4 grappe — 6 1/4
Per uno Squadro per la miccia del portello con loro chiodi — 6 1/2

consig. al Sind. d'acc[illegible] rot. 50 ½ di chiodi vecchi a g. 11 il rot. [illegible]

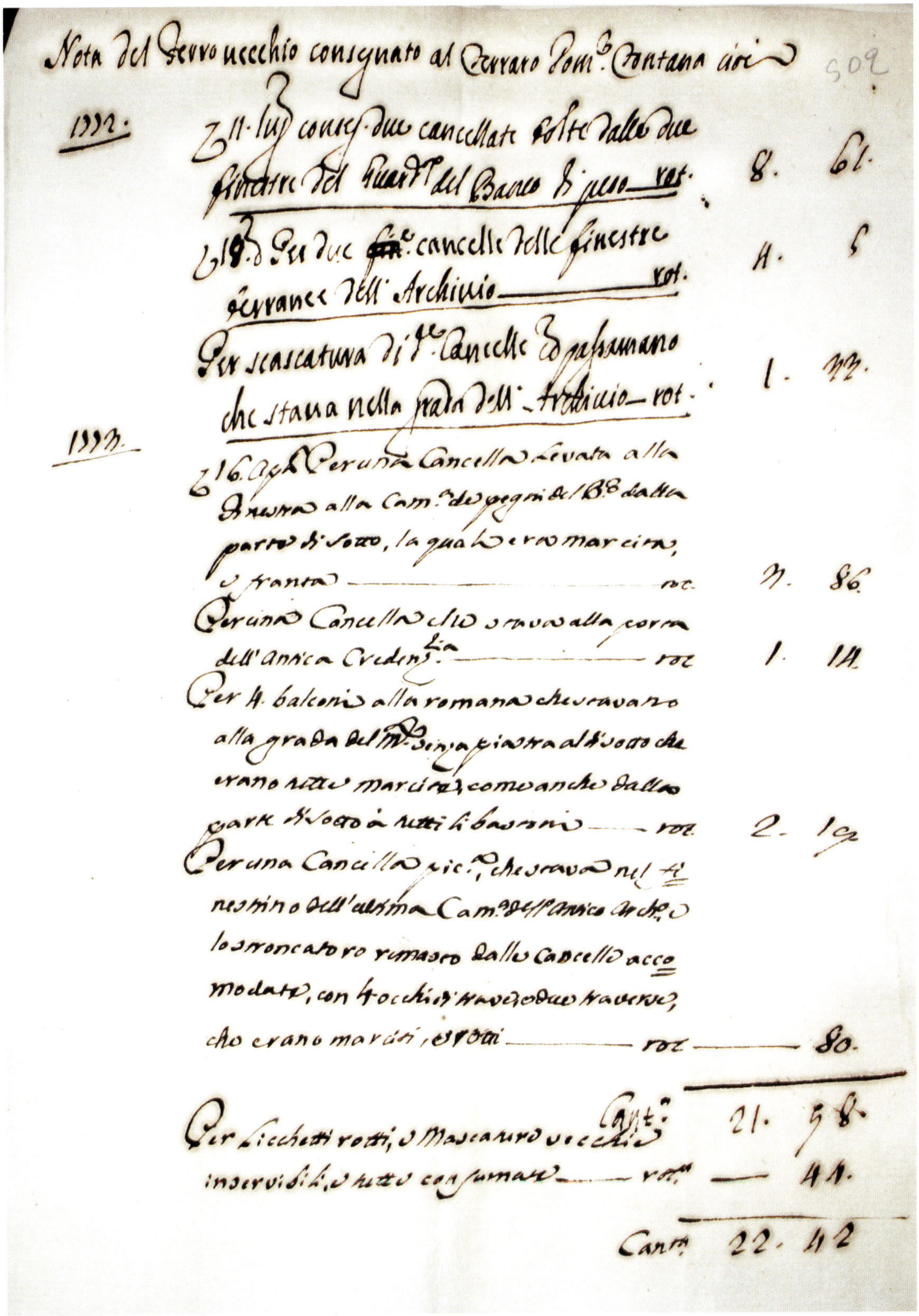

Nota del ferro vecchio consignato al Ferraro Dom.co Fontana cioè 509

1772. 3 11 lug.o consig.e due cancellate tolte dalle due finestre del Guard.o del Banco di peso — rot. 8. 61.

3 19 d.o Per due d.e cancelle delle finestre ferrate dell'Archivio — rot. 4. 5

Per scascatura di d.e cancelle ed passamano che stava nella grada dell'Archivio — rot. 1. 77.

1773. 3 16 ag.o Per una cancella levata alla finestra alla Cam.a de pegni del B.co dalla parte di sotto, la quale era marcita, e franta — rot. 7. 86.

Per una cancella che stava alla porta dell'antica Credenz.a — rot. 1. 14.

Per 4. balconi alla romana che stavano alla grada del M.o senza piastra al di sotto che erano tutti marciti, come anche dalla parte di sotto à tutti li bastoni — rot. 2. 19

Per una cancella picc.a che stava nel finestrino dell'ultima Cam.a dell'antico Arch.o e lo stroncatoro rimasto dalle cancelle accomodate, con 4 occhi di traverso due traverse, che erano marciti, e rotti — rot. — 80.

Cant.a 21. 58.

Per licchetti rotti, e mascature vecchie inservibili, e tutto consumate — rot.li — 44.

Cant.a 22. 42

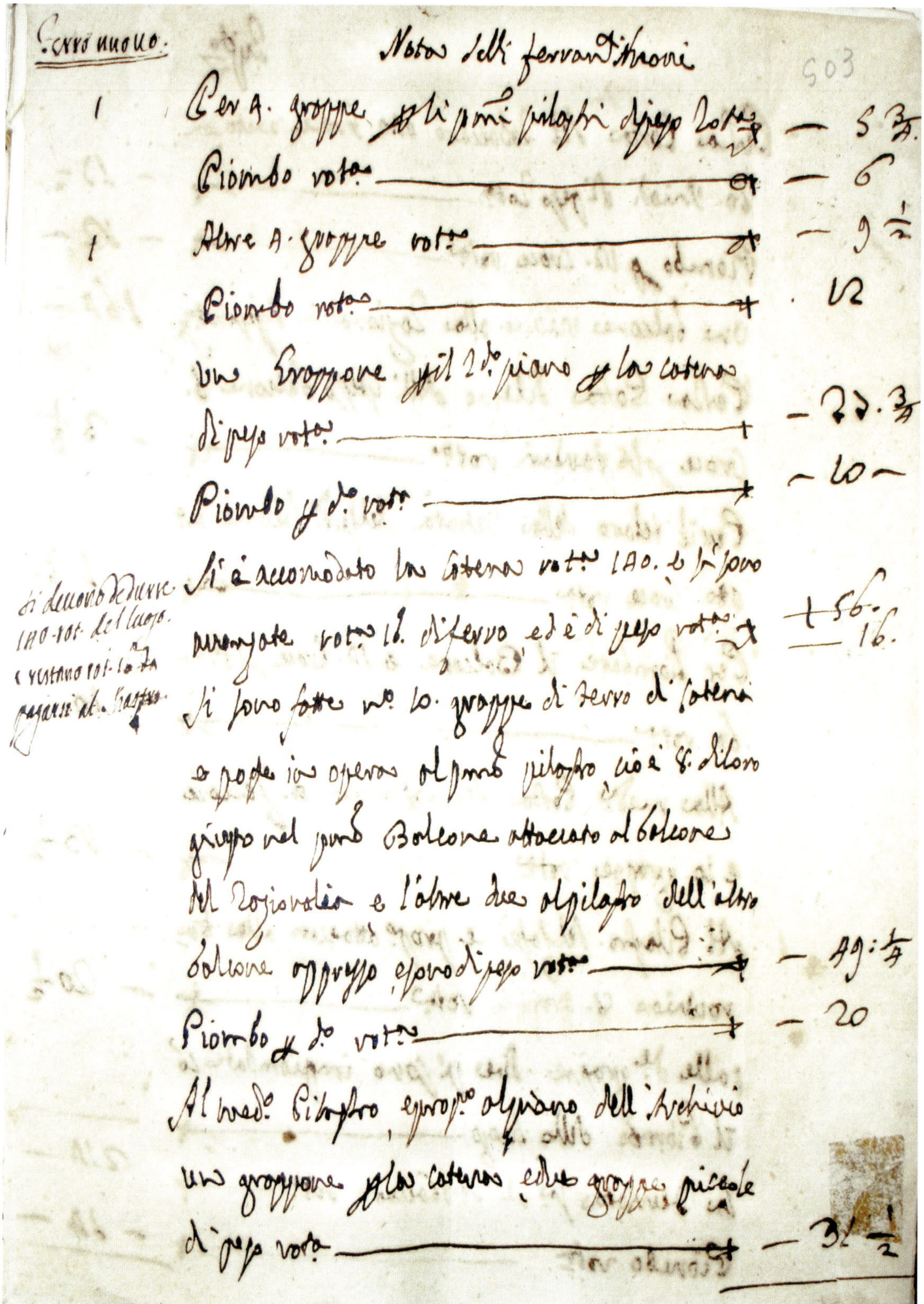

Ferro nuovo.

Nota delli ferramenti nuovi

503

1 Per 4. groppe per li primi pilastri di peso rot.a — 5 3/4

Piombo rot.a — 6

1 Altre 4. groppe rot.a — 9 1/2

Piombo rot.a — 12

Una groppone per il 2.do piano per la catena

di peso rot.a — 22.3/4

Piombo per d.o rot.a — 10

Si è accomodato la catena rot.a 140. et si sono

arrogate rot.a 16. di ferro ed è di peso rot.a — 156. / 16.

(margin:) si levorno dalle 140 rot. del luogo e restano rot. 124 da pagarsi al ...

Si sono fatte n.o 10. groppe di ferro di catena

e poste in opera al primo pilastro, cioè 8. di loro

groppo nel primo Balcone attaccato al balcone

del Rossignolo e l'altre due al pilastro dell'altro

balcone opposto e sono di peso rot.a — 49 1/4

Piombo per d.o rot.a — 20

Al med.o Pilastro, e propr.o al piano dell'Archivio

un groppone per la catena e due groppe piccole

di peso rot.a — 32 1/2

Visto 50M

catena del luogo co' duce paj. ... rot. 6 1/2

Si è accomodato la catena di rot.a 138½ unito — 6 1/2

con otto zeppe rot.a pesate —— ~~148~~

Al S.o Pilastro nel piano dell'archivio presso

per la porta oppositissimo della Bottega una

frontigio con chiodi rot.a —— — 3 —

due grappe per la barra traversa con chiodi

un riparo per il cataraccio A. fine un moschet

to per il lucchetto rot.a —— 9 2/3

1 Per li due Pilastri del Bottone A. grappe rot.a — 11 ½

1 Sei grappe rot.a —— — 15 1/4

due grappe vicino alla finestra del Bottone, e

A. zeppe al frontespizio del Bottone, e Piom

bo rot.a —— — 9 —

1 Due grappe rot.a —— — 6 3/3

e più cavo posto al Pilastro attaccato alla cornice

1 Altre due grappe rot.a —— — 6 1/3

e più cavo posto alle due gambe della finestra

del caffettiero attaccato al Bottone imbombato

col piombo del luogo

1637 p.° Xbre — Per 12 Croci con loro Chiodi poste alla porta attaccata alla Parocchio —— vol —— 23 3/4

Per piombo —— vol —— 12.

Per sei Zoccoli lunghi, e Corti, una Mascatura con sua chiave, e mappa con loro chiodi vol —— 24 1/2

Per 12 Croci con loro chiodi alla porta della Curia vol —— 22

Per piombo —— vol —— 12

Per sei Zeccole lunghe, e Corte, mascatura, chiave, e mappa con loro chiodi p. detta porta —— vol —— 24 3/4

Per 12 Croci poste alla porta d'llage —— vol —— 26 1/2

Per piombo p. detta porta —— vol —— 16

Per 6 Zeccole lunghe, e Corte, mascat.ra, chiave, e sua mappa con chiodi p. d.a porta —— vol —— 22 1/2

1637 16 Xbre — 1 Per [illegible] Grappe poste dentro li giger —— vol —— 1. 36 3/4

ni —— vol —— 1. 29.

Per piombo p. d.e grappe —— vol —— 2. 98

Per un palcone di meszo —— vol —— 2. 1.

Un'altra por.ne ad altro Cantone —— vol —— 1. 98.

Un'altra por.ne —— vol —— 48

Piombo occorso p. li sud.i palcone —— 20

19 detto — Per altro piombo p. le grappe —— vol —— 1. 48

20 detto — Per un palcone fatto p. li [illegible] —— vol —— 3. 46.

Per due Cancellate p. il ponte —— vol

1770 [illegible] Dec. Per 12. Croci con loro Chiodi poste alla porta
attaccata alla Parocchio — vot — 23 3/4
Per piombo — vot — 12.
Per sei Zoccoli lunghi, e Corti, una Mascatura con sua chiave, e mazza con
loro chiodi vot — 24 1/2
Per 12 Croci con loro chiodi alla porta
della Curia vot — 22
Per piombo — vot — 12.
Per sei Zoccole lunghe, e Corte, mascatura, chiave, e mazza con loro chiodi per
detta porta — vot — 24 3/4
Per 12 Croci poste alla porta della [illegible] vot — 26 1/2
Per piombo per detta porta — vot — 16
Per 6 Zoccole lunghe, e Corte, mascatura, chiave, e sua mazza con chiodi
per d.a porta — vot — 22 1/2
1771 16 Dec. Per 18 Grappe poste dentro li pigerni — vot 1. 36 3/4
ni — vot 1. 29.
Per piombo d.e grappe — vot 2. 98
Per un palcone di mezzo — vot 2. 1.
Un'altra porta nel altro Cantone — vot 1. 98.
Un'altra porta — vot — 48.
Piombo occorso per li sud.i palcone v. — 20.
d. 19 Detto Per altro piombo per le grappe — vot 1. 48.
d. 20 Detto Per un palcone detto per la facciata — vot 2. 46.
Per due Cancellate per il ponte — vot

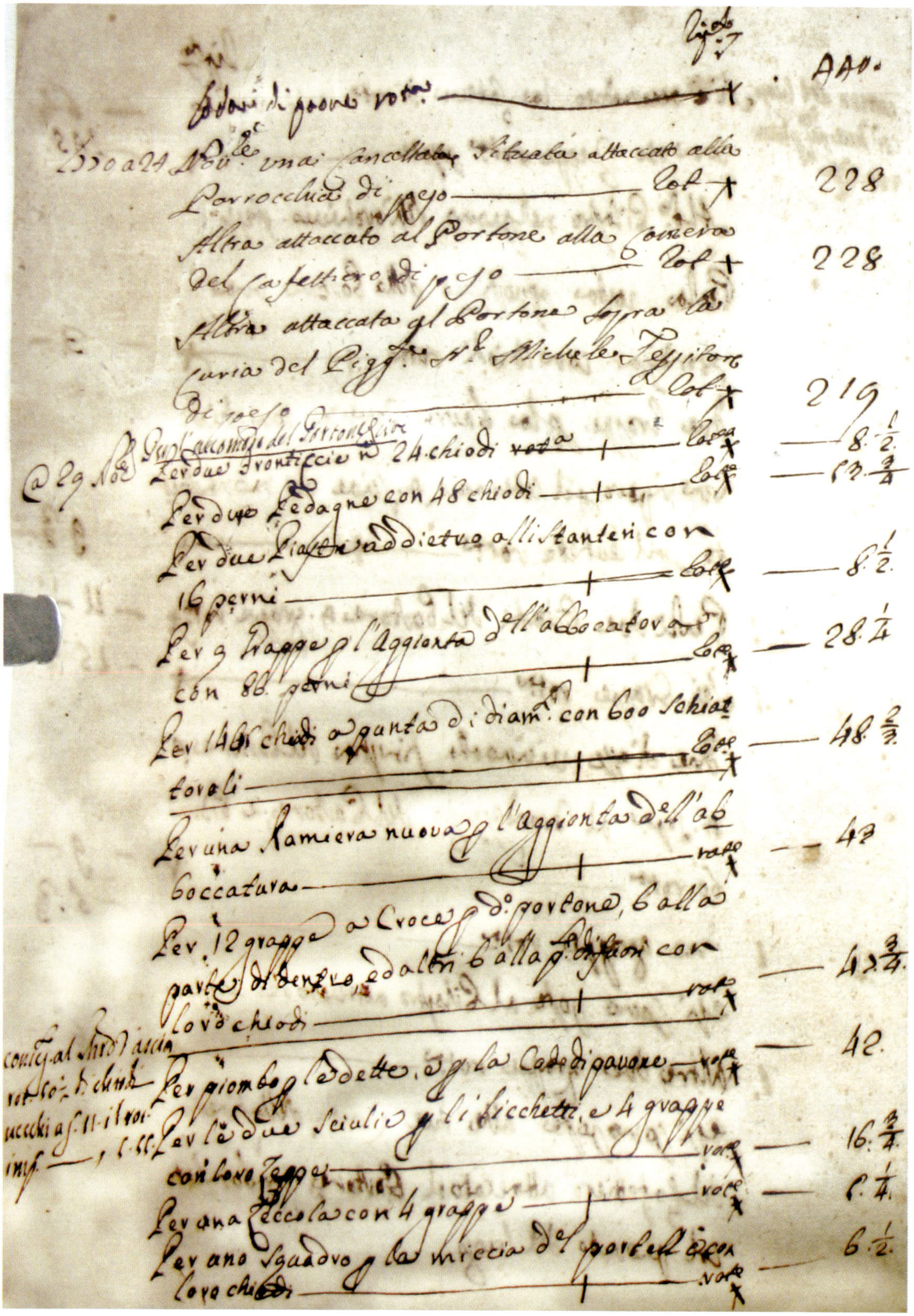

Ferri di proprio rot.° — ✝ AA.

1770 a 24 Nov.re una cancellata Ritonda attaccato alla Parrocchia di peso — lot. ✝ 228

Altra attaccato al Portone alla Conserva del Castelliero di peso — lot. ✝ 228

Altra attaccata al Portone sopra la Curia del Sig. Sr. Michele Tessitore di peso — lot. ✝ 219

Per l'accomodo del Portone Gñr

@ 29 Nov.e Per due fronticcie n. 24 chiodi rot.a — lot.a ✝ — 8 1/2

Per due Bedagne con 48 chiodi — lot.a ✝ — 6 3/4

Per due Piastre addietro alli Stanteri con 16 perni — lot.a ✝ — 8 1/2

Per 9 Grappe per l'Aggionta dell'abboccatora con 86 perni — lot.a ✝ — 28 1/4

Per 14 chiodi a punta di diam. con 600 Schiattoreli — lot.a ✝ — 48 2/3

Per una Ramiera nuova per l'aggionta dell'abboccatura — rot.a ✝ — 43

Per 12 grappe a Croce per d.o portone, 6 alla parte di dentro, ed altri 6 alla p.te di fuori con loro chiodi — rot.a ✝ — 43 3/4

consig.ti al Sig.r Diacia rot. 50 di chiodi vecchi a G. 11 il rot. insi. — , 5.55.

Per piombo per le dette, e per la Coda di pavone — rot.a ✝ — 42

Per le due Scialio per li ficchetti, e 4 grappe con loro Zeppe — rot.a ✝ — 16 3/4

Per una Zeccola con 4 grappe — rot.a ✝ — 6 1/4

Per uno Squadro per la miccia del portello con loro chiodi — rot.a ✝ — 6 1/2

1771 a 18 Giug.o

507

Per una Cancella piccola fatta nell'ultimo piano del fenestrino del Suppegno della Carrocciera — Lot. — 34 1/2

1771 a 4 Lug.o

Per un Balcone fatto per l'ultimo quarto sopra ~~l'Udienza~~ l'Archivio Lot.a — d.o 1 — 22 1/2

1771 a 5 Lug.o

Si è fatto uno guancio con sua traversa di sopra il pesolo della bottega dell'Acqua d.a — 3 1/2

Per un focone per riparo del foco il telajo di d.a bottega — d.o — 8

Per due guanci per ponere li lampieri con altri due a l'elevatore — d.o — 15

Per una Mascatura a due guarnimenti le fenestre, ed un anello sulla grata d.o — 3 1/2

Per un guancio comodo di tenerlo porta aperta con due anelli — d.o — 1 1/4

13 Luglio

Per settantadue croci rinforzo delli stanteri delli Balconi dell'Udienza, e telari dello vetrate con loro chiodi — Lot.a — 38 1/4

Per piombo per le dette — d.o — 30

Per quattro catene per le lamie della grada col loro traverse, e zeppe — d.o — 86

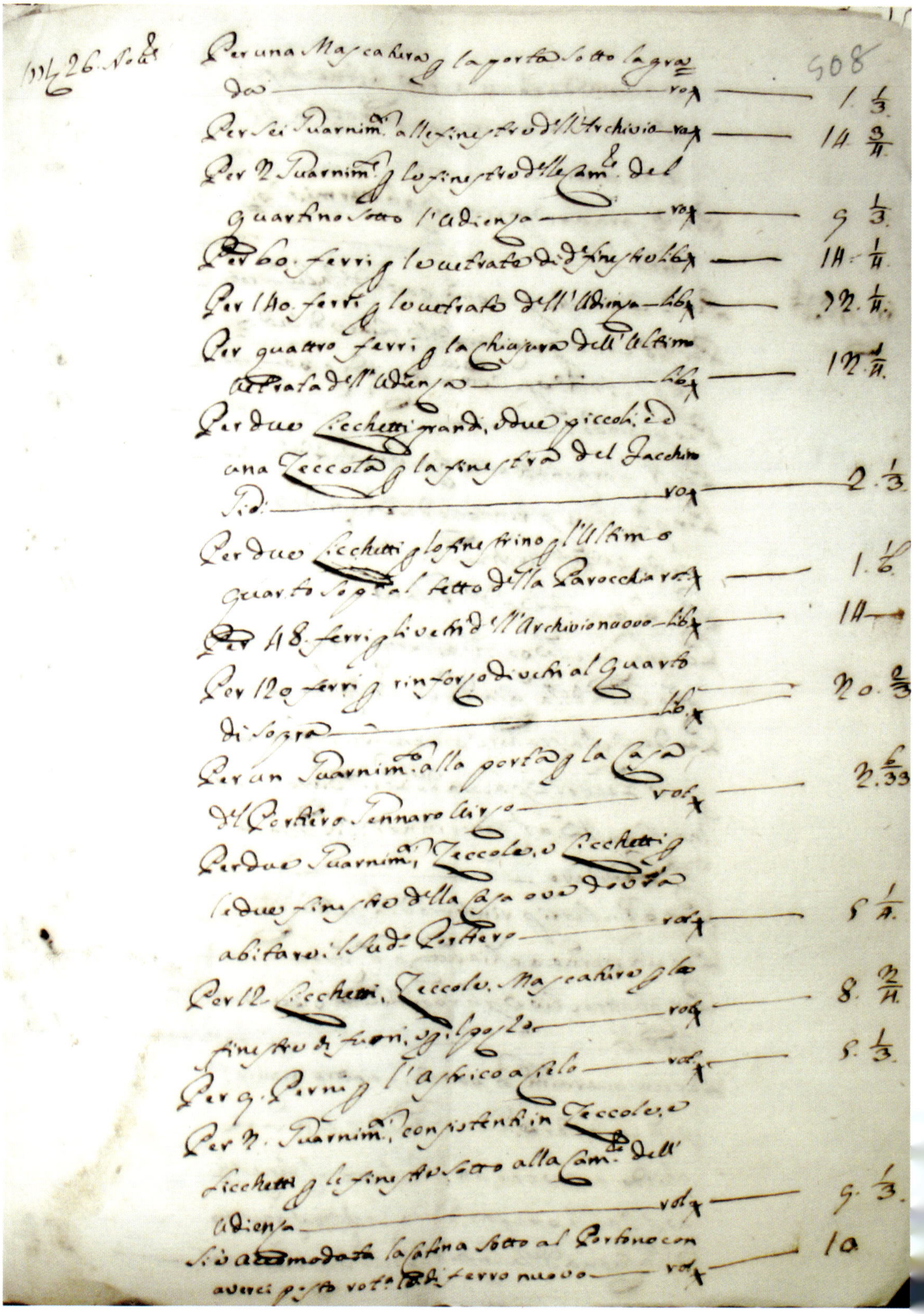
1614 26 Nov.e

508

Per una Mascatura p la porta sotto la grado	vo	1. 1/3
Per sei guarnim.ti alle finestre dell'Archivio	vo	14. 3/4
Per 2 guarnim.ti p le finestre delle Cam.re del quartino sotto l'Adienza	vo	9. 1/3
Per 60 ferri p le vetriate di d.e finestrolle	lib	14. 1/4
Per 140 ferri p le vetriate dell'Adienza	lib	32. 1/4
Per quattro ferri p la chiusura dell'ultima vetriata dell'Adienza	lib	12. 1/4
Per due ciecchetti grandi, e due piccoli, et una zeccola p la finestra del Sacchitto di	vo	2. 1/3
Per due ciecchetti p le finestrine p l'ultimo quarto sopra al tetto della Parocchia	vo	1. 1/6
Per 48 ferri p li vetri dell'Archivio nuovo	lib	14
Per 120 ferri p rinforzo di vetri al quarto di sopra	lib	20. 2/3
Per un guarnim.to alla porta p la casa del Portiero Gennaro Ciro	vo	2. 6/33
Per due guarnim.ti, zeccole, e ciecchetti p le due finestre della casa ove deve abitare il sud.o Portiero	vo	5. 1/4
Per 12 ciecchetti, zeccole, mascature p le finestre di fuori, e gli sportelli	vo	8. 2/4
Per 9 ferri p l'astrico a cielo	vo	5. 1/3
Per 2 guarnim.ti consistenti in zeccole, e ciecchetti p le finestre sotto alla Cam.ra dell'Adienza	vo	9. 1/3
Si è accomodata la cassina sotto al Portone con averci posto vot... di ferro nuovo	vo	10

Dì 18 Mag.o

1	Per sedici grappe per li Piperni	lot.	~~4~~	46 1/2
	Per Piombo	lot.		37
1	Per grappette	lot.		22
	Per Piombo	lot.		25
1	Per altre grappe dette	lot.		14
	Per Piombo	lot.		15
1	Per altre grappe e quattro	lot.		8
	Per Piombo	lot.		26
1	Per altre dieci grappe	lot.		20
	Per Piombo	lot.		11 1/2
	Per sedici Perni per li travi			
	Per due Cavalloni per sopra l'astrico	lot.		9 3/4

Dì d.o 18 Giug.o

Per un Balcone lungo da sopra il cornicione cont.a		10	66
Per piombo occorso per il med.o e diverse cancellate		1	50
Per altro piombo occorso per la Pietra di Marmo ove sta descritto il nostro Banco	lot.		30
Per due pattoncini fatti per sotto la sud.a Pietra	lot.		4 1/4
Per dette cinque grappe vi è occorso rame libre	lib.		2 1/2
Per trentanove perni servite per le lavagne sopra l'astrico	lot.		5 3/4
quali si sono impiombati col piombo del luogo			
Per una Cancella grande fatta per l'ultima Camera dell'Udienza e proprio quella del Guardarobba		4	29
quale si è impiombata col piombo del luogo	lot.		

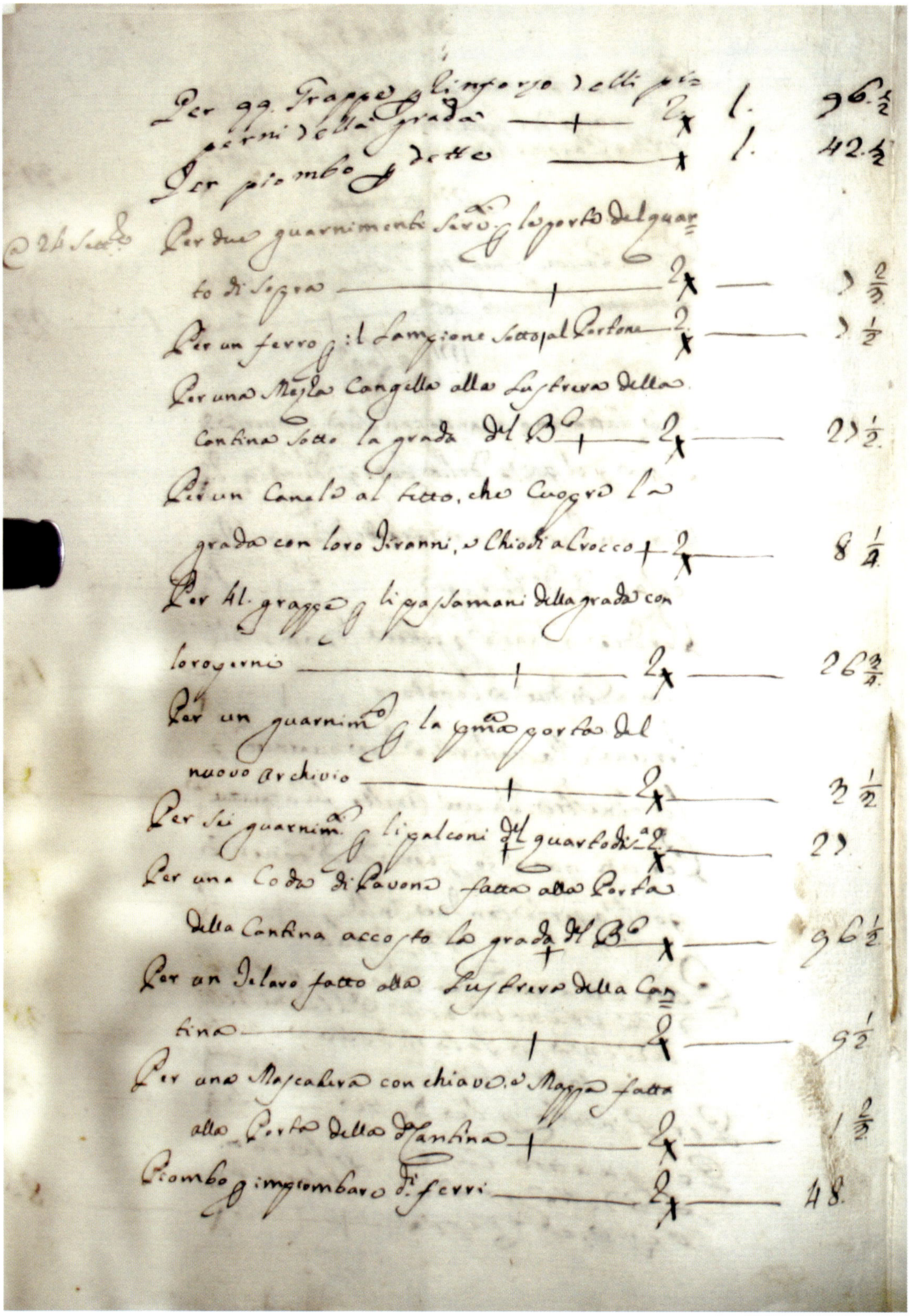
Per 99. Grappe p. l'inforzo delli piè ferri della grada — l. 96 1/2
Per piombo p. detto — l. 42 1/2
@ 26 sett.e Per due guarnimenti servi p. le porte del quarto di sopra — 3 2/3
Per un ferro p. il Campione sotto al Portone — 3 1/2
Per una Mesla Cangella alla Lustrera della Cantina sotto la grada del B.o — 23 1/2
Per un Canale al tetto, che Cuopre la grada con loro tiranni, e Chiodi a crocco — 8 1/4
Per 41. grappe p. li passamani della grada con loro perni — 26 3/4
Per un guarnim.to p. la p.ma porta del nuovo Archivio — 3 1/2
Per sei guarnim.ti p. li palconi del quarto di 2.a — 23
Per una Coda di Pavone fatta alla Porta della Cantina accosto la grada del B.o — 96 1/2
Per un Telaro fatto alla Lustrera della Cantina — 9 1/2
Per una Mascatura con chiave, e Mazza fatta alla Porta della Cantina — 1 2/3
Piombo p. impiombare li ferri — 48

1772 a 11 Ott.bre Per trentasei Occhi di travi con 18. traverse — 909 — 3. 02.
Per 110 chiodi per di Occhi — rot. — 10 3/4
Per una Cancellata fatta sopra il nuovo suppegno del libro.. — rot. — 55 1/2.
Per una cancella alla Cam.ra dell'Avv.te — Car. 3. 52.
Altra cancella per d.a Cam.ra — Car. 3. 13.
Per 12. ferri posti alla Cucina del guardaroba — 10.
Per una Croce fatta alla Ciminiera — rot — 6 — 31/33.
Per una cancella al suppegno di d.o ... rot — 55 1/2.
Un'altra Cancella al piano di terra
nella credenz.ria — rot. — 12.
Per 6. grappe per l'Arcotrave della g.de
porta — rot. — 6 3/4
a 26 d.o Piombo per impiombare le grappe all'Arco
trave sop.a la porta della nuova Credenz.ria — 6.
Per 12. Occhi di travo, e 6 traverse — rot. — 58.
Per detti occhi di travo 96. Chiodi — rot — 3 1/4.
Per un Canale piccolo di ramiera di ferro
sop.a l'Astraco — rot — 3/4 2/33
Per tre guarnim.ti per le porte del quarto nuovo
del Libro.. — rot — 53.
Per una Cancella per la Credenz.a alla rom.a — rot — 14.
Per due Zeccole, 2 Pecchettoni con loro mon
chetti per la porta di d.a Credenz.a — rot — 6
Per 28. chiodi, e Croce per la d.a porta della Cred.a — rot — 6 1/2.
Per piombo per d.a Croce — rot — 4.

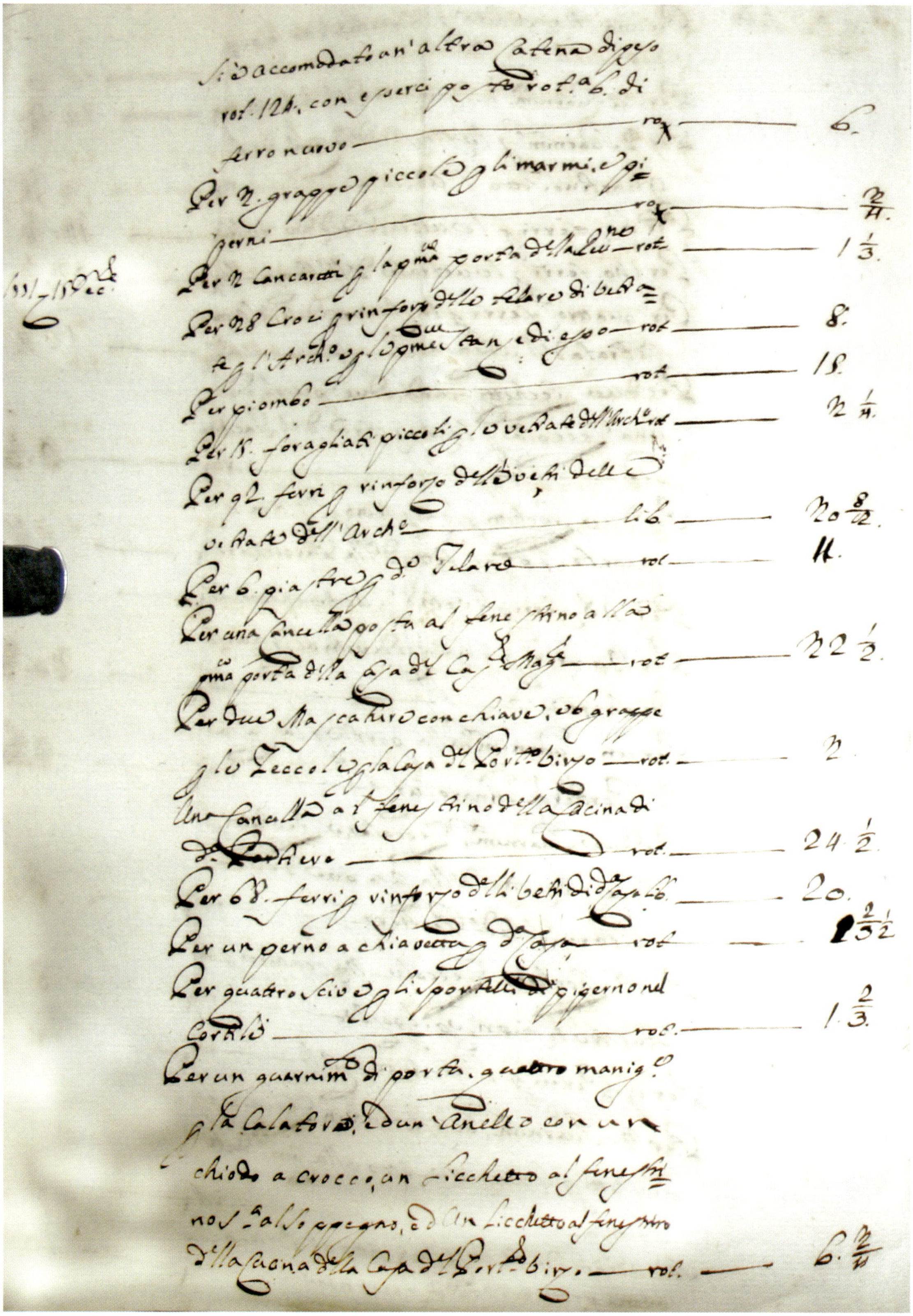
si è accomodato un'altra catena di peso
rot. 124. con esserci posto rot.a 6. di
ferro nuovo ——— rot. ——— 6.
Per n. graffe piccole per li marmi, e pi
perni ——— rot. ——— 2/4.
Per n. cancaretti per la p.ma porta della [illegible] ——— rot. ——— 1 1/3.
Per n. 8 croci per rinforzo dello telaro di [illegible]
[illegible] ——— rot. ——— 8.
Per piombo ——— rot. ——— 18.
Per n. [illegible] foraglietti piccoli per lo [illegible] dell'Arch.o rot. ——— 2 1/4.
Per gl. ferri per rinforzo delli [illegible] delle
[illegible] dell'Arch.o ——— lib. ——— 20 8/12.
Per 6. piastre per d.o telaro ——— rot. ——— 11.
Per una cancella posta al fenestrino alla
prima porta della casa del Cap. [illegible] ——— rot. ——— 22 1/2.
Per due mascature con chiave, e graffe
per lo [illegible] della casa del [illegible] ——— rot. ——— 2.
Una cancella al fenestrino della cucina di
[illegible] ——— rot. ——— 24 1/2.
Per 6 d. ferri per rinforzo delli [illegible] ——— lib. ——— 20.
Per un perno a chiavetta per [illegible] ——— rot. ——— 2/3 1/2
Per quattro [illegible] per li sportelli di [illegible] nel
[illegible] ——— rot. ——— 1 2/3.
Per un guarnim.to di porta, quattro manig.e
[illegible], e d'un anello con un
chiodo a crocco, un [illegible] al finestri
no [illegible], e d'un [illegible] al finestrino
della cucina della casa del [illegible] ——— rot. ——— 6 2/4

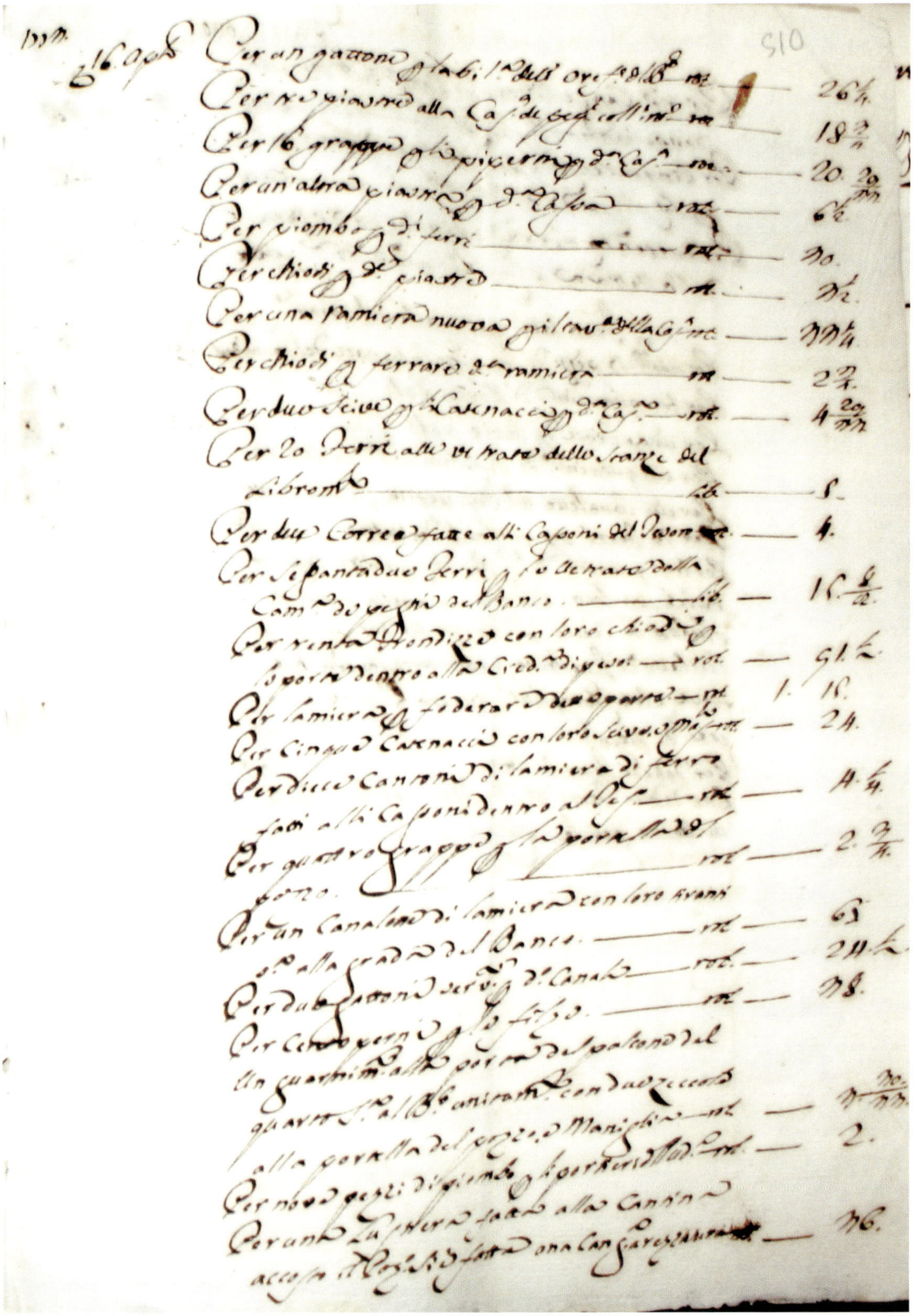

Per un gattone [illegible] — 26 1/4
Per tre piastre alla Cas.a [illegible] — 18 3/4
Per 16 grappe p. le piasterine d.a Cas.a — 20 20/[illegible]
Per un'altra piastra p. d.a Cassa — 6 1/2
Per piombo p. d.i ferri — 30
Per chiodi p. d.e piastre — 3 1/2
Per una lamiera nuova p. [illegible] della Cassa — 33 1/4
Per chiodi p. ferrare d.a lamiera — 2 3/4
Per duo scive p. li catenacci p. d.a Cas.a — 4 20/[illegible]
Per lo ferri [illegible] dello scanze del Librone — 5
Per due correa fatte alli Casoni del [illegible] — 4
Per [illegible] ferri [illegible] della Com.ne [illegible] del Banco — 15 [illegible]
Per venti [illegible] con loro chiodi [illegible] porte dentro alla Cred.a [illegible] — 51 1/2
Per lamiera p. foderar due porte — 1. 15
Per cinque catenacci con loro scive [illegible] — 24
Per dieci cantoni di lamiera di ferro fatti alli Casoni dentro [illegible] — 4 1/4
Per quattro grappe p. la portella del [illegible] — 2 3/4
Per un canalone di lamiera con loro [illegible] — 63
[illegible] alla grada del Banco — 211 1/2
Per due [illegible] p. d.o canale — 38
Per cento ferri [illegible]
[illegible] — 2
Per nove pezzi [illegible]
Per [illegible] alla Cantina [illegible] — 36

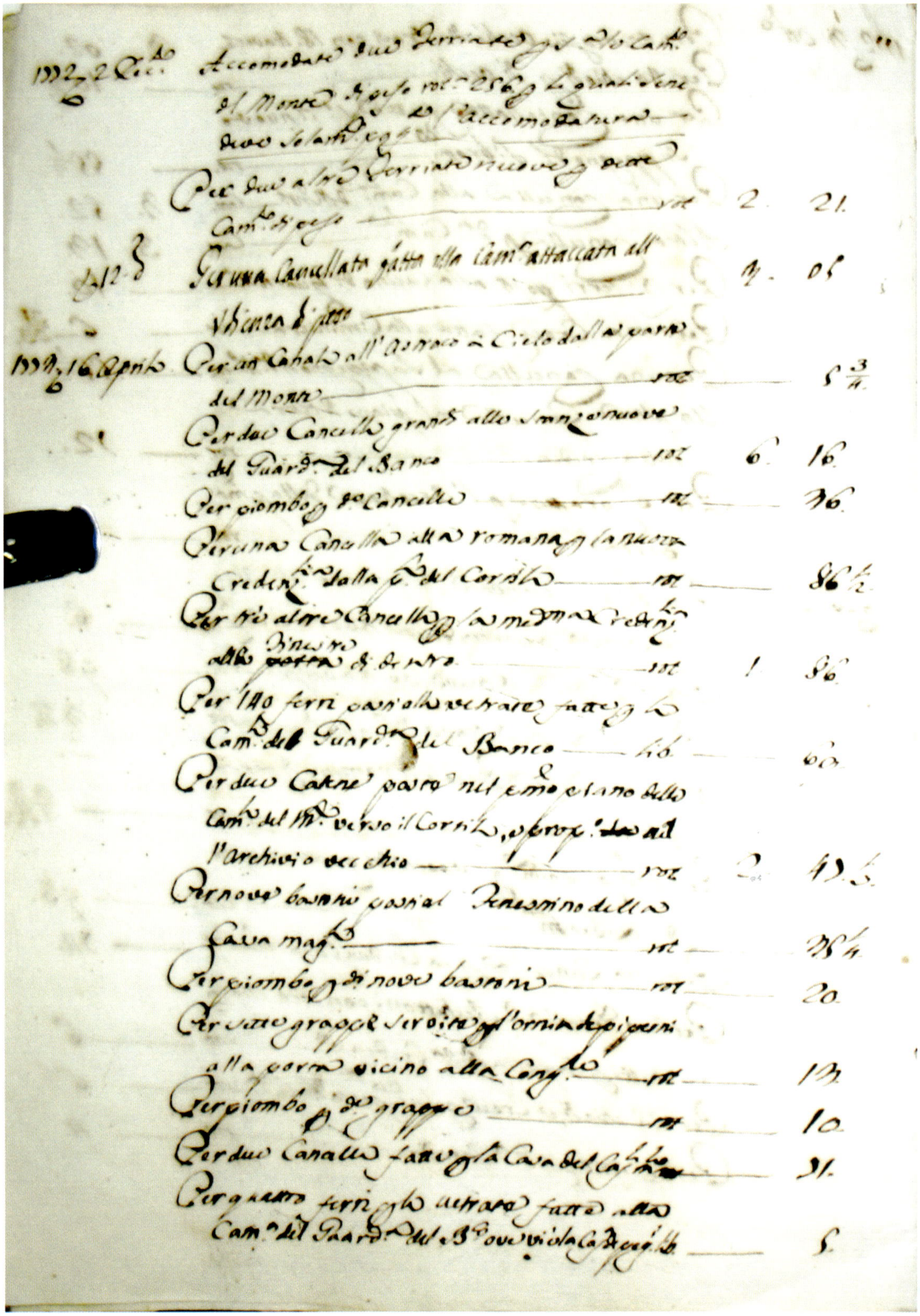

1772. 2 Dic.e Accomodate due ferriate per la Cam.a
del Monte di peso rot. 256 le quali vene
dove schiodate e l'accomodatura

Per due altre ferriate nuove per detta
Cam.a di peso — rot. 2. 21.

d.i 12 d.o Per una Cancellata fatta alla Cam.a attaccata all'
udienza di [illegible] — 4. 05

1773. 16 Aprile Per un Canale all'Atrio a Cielo dalla porta
del Monte — rot. 5 3/4

Per due Cancelli grandi alle [illegible] nuove
del Guard.no del Banco — rot. 6. 16.

Per piombo per d.i Cancelli — rot. 36.

Per una Cancella alla romana per la nuova
Credenza dalla p.te del Cortile — rot. 86 1/2

Per tre altre Cancelle per la medesima credenza
della finestra di dentro — rot. 1. 86.

Per 140 ferri posti alle vetrate fatte per la
Cam.a del Guard.no del Banco — lib. 60.

Per due Catene poste nel primo piano della
Cam.a del M.ro verso il Cortile, e propr.e all'
l'Archivio vecchio — rot. 2. 43 1/2

Per nove bastoni posti al finestrino della
Cava mag.re — rot. 38 1/4

Per piombo per di nove bastoni — rot. 20.

Per sette grappe servite per l'ornia de' [illegible]
alla porta vicino alla Cong.ne — rot. 13.

Per piombo per d.e grappe — rot. 10.

Per due Canali fatti per la Casa del Cas.re — 31.

Per quattro ferri per le vetrate fatte alla
Cam.a del Guard.no del B.co ove si da la [illegible] — 5.

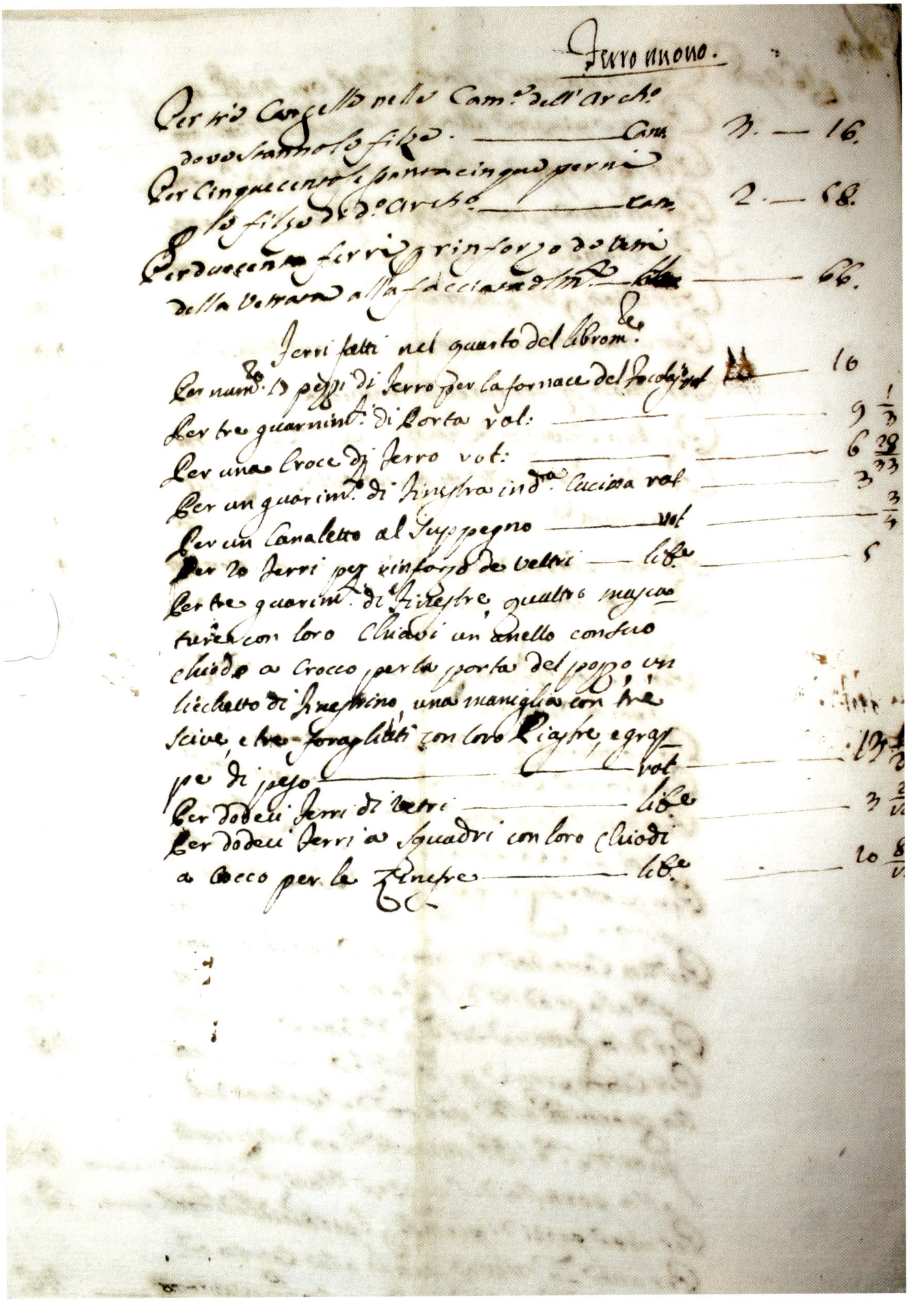

Ferro nuovo.

Per tre Cancelli nelle Cam.re dell'Arch.o dove stanno le filze. ——— Can. 3. — 16.
Per Cinquecento [illegible] cinque perni [illegible] filze di d.o Arch.o ——— Can. 2. — 68.
Per ducento ferri per rinforzo de telari della vetrata alla facciata del M.te ——— [illegible] ——— 66.

Ferri fatti nel quarto del libro m.re

Per num.o 13 pezzi di ferro per la fornace del focolaro rot ——— 16
Per tre guarnim.ti di Porta rot: ——— 9 1/3
Per una Croce di ferro rot: ——— 6 29/33
Per un guarnim.to di finestra ind.a [illegible] rot ——— 3
Per un Canaletto al Suppegno ——— rot ——— 3/4
Per 20 ferri per rinforzo de vetri ——— lib.re ——— 5
Per tre guarnim.ti di finestre, quattro mascature con loro chiodi un anello con suo chiodo a crocco per la porta del pozzo un [illegible] di finestrino una maniglia con tre scive, e tre foraglietti con loro piastre, e graffe di pezo ——— rot ——— 13 [illegible]
Per dodeci ferri di vetri ——— lib.re ——— 3 2/[illegible]
Per dodeci ferri a squadri con loro chiodi a crocco per le finestre ——— lib.re ——— 10 8/[illegible]

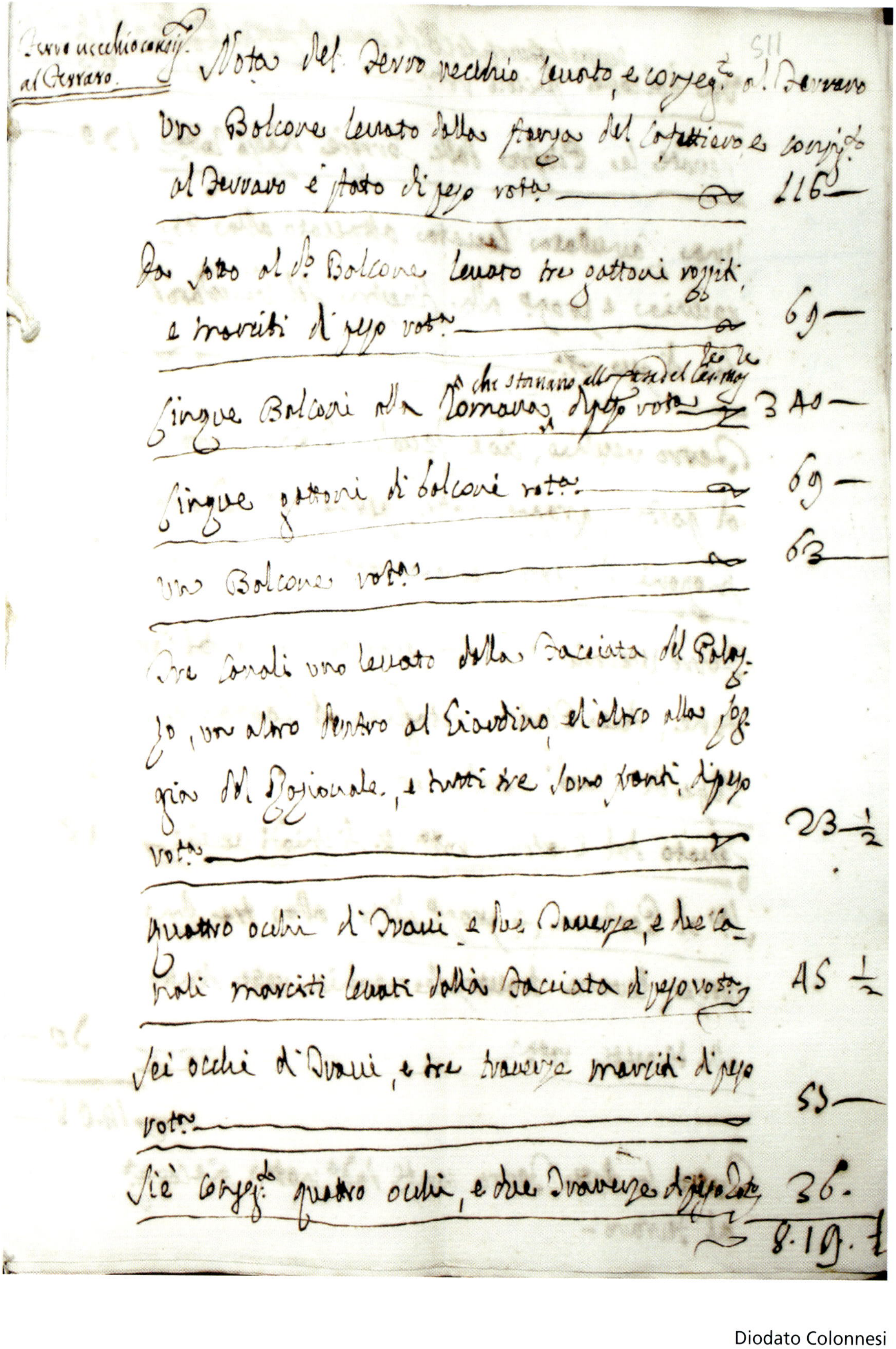
Ferro vecchio consegn.to al Ferraro

Nota del ferro vecchio levato, e consegn.to al Ferraro

Un Bolcone levato dalla forgia del Cortiliero, e consegn.to al Ferraro è stato di peso vota — 116 —

Da poso al d.o Bolcone levato tre gattoni rossiti, e marciti di peso vota — 69 —

Cinque Bolconi alla Tornara che stavano alle [illegible] del Cent.to di peso vota — 340 —

Cinque gattoni di bolconi vota — 69 —

Un Bolcone vota — 63 —

Tre Canali uno levato dalla facciata del Palazzo, un altro dentro al Giardino, e l'altro alla loggia del Rosionale, e tutti tre sono rotti di peso vota — 23 1/2

quattro occhi di Travi, e due Traverse, e due Canali marciti levati dalla facciata di peso vota — 45 1/2

Sei occhi di Travi, e tre traverse marciti di peso vota — 53 —

Si è consegn.to quattro occhi, e due Traverse di peso vota — 36.

8.19. 1/2

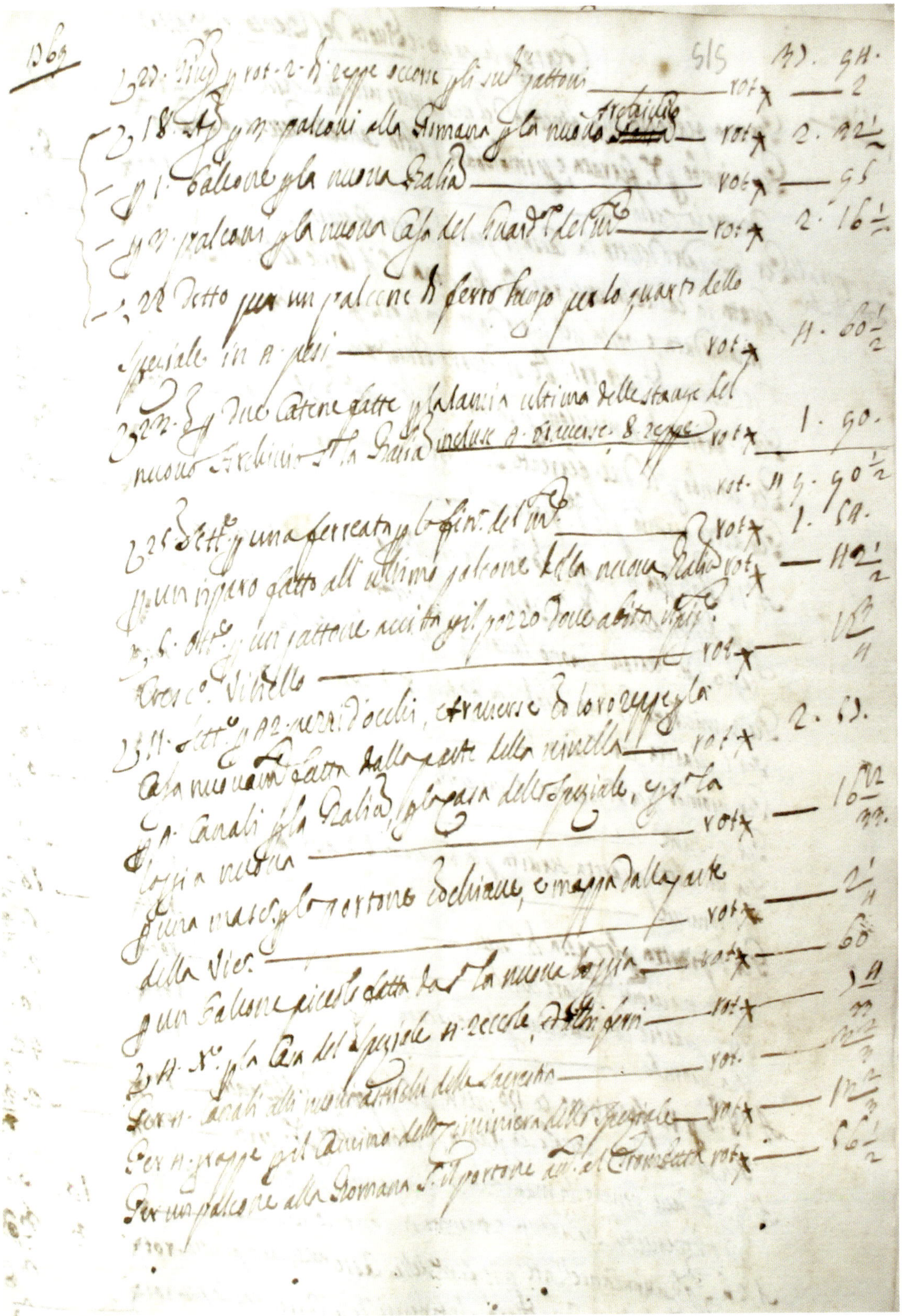

1369

A 20 d.to per rot. 2. di zeppe occorse per li sud.i pattoni —— rot. 33. 94 / — 2

A 18 d.to per n. palconi alla [illegible] per la nuova Archivio —— rot. 2. 22½

per 1. balcone per la nuova Badia —— rot. — 95

per n. palconi per la nuova Casa del [illegible] —— rot. 2. 16½

A 22 detto per un palcone di ferro [illegible] per lo quarto dello speziale in n. pesi —— rot. 4. 60½

A 22 d.to per due catene fatte per la lamia ultima delle stanze del nuovo Archivio della Badia incluse n. traverse, 8 zeppe —— rot. 1. 90.

rot. 44. 90½

A 25 dett.o per una ferreata per lo [illegible] —— rot. 1. 54.

per un riparo fatto all'ultimo palcone della nuova Badia rot. — 42½

A 6. ott.e per un pattone [illegible] per il pozzo dove abita [illegible] Vitiello —— rot. — 12¼

A 11. ott.e per 42. [illegible] d'occhi, e traverse da loro per la casa [illegible] dalla parte della [illegible] —— rot. 2. 13.

per n. canali per la Badia, per la casa dello speziale, per la loggia nuova —— rot. — 16 [illegible]

per una [illegible] per lo portone [illegible] dalla parte della Vic. —— rot. — 2¼ / — 60

per un balcone piccolo [illegible] la nuova loggia —— rot. — 34

A 11. N.re per la Casa dello Speziale n. [illegible], e altri ferri —— rot. — [illegible]

Per n. canali [illegible] della [illegible] —— rot. — 12

Per n. grappe per il cammino [illegible] dello Speziale —— rot. — 56½

Per un palcone alla Romana [illegible] portone [illegible] rot.

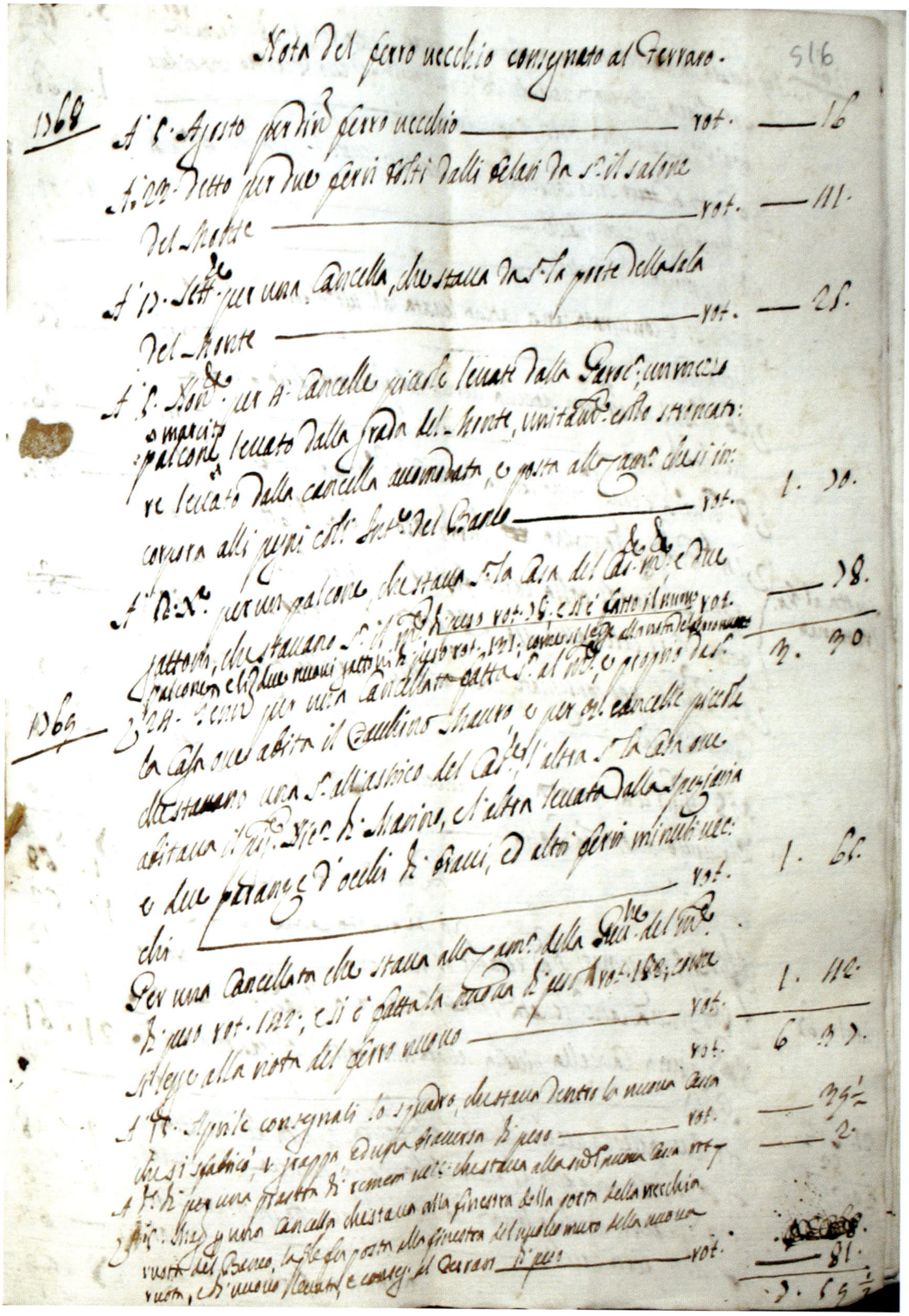
Nota del ferro vecchio consegnato al Ferraro.

516

1568 A 5 Agosto per diversi ferro vecchio — rot. — 16

A 22 detto per due ferri tolti dalli telari di s.ª il salone del Monte — rot. — 11

A 17 Sett.re per una cancella, che stava in s.ª la porte della sala del Monte — rot. — 25

A 5 Nov.re per 4 cancelle piccole levate dalla Parroc.; un mezzo palcone levato dalla strada del Monte, unitam.te colle [illegible] levato dalla cancella accomodata, e posta allo [illegible] coperta alli pezzi coll' [illegible] del [illegible] — rot. 1. 30

A 12 X.re per un palcone, che stava s.ª la casa del [illegible], e due [illegible], che stavano s.ª il [illegible] peso rot. 38, e si è fatto il nuovo [illegible] — rot. — 38 / 2. 90

1569 A 24 Genn.o per una cancella [illegible] s.ª al [illegible], e [illegible] la casa ove abita il [illegible], e per [illegible] cancelle [illegible] che stavano una s.ª [illegible] del [illegible], l'altra s.ª la casa ove abitava il [illegible] di [illegible], e l'altra levata dalla [illegible] e due ferrate d'occhi di [illegible], ed altri ferri minuti vecchi — rot. 1. 66

Per una cancellata che stava allo [illegible] della [illegible] del [illegible] [illegible] peso rot. 180, e si è fatta la [illegible] di peso rot. 120; — rot. 1. 40

[illegible] alla nota del ferro nuovo — rot. 6 3[illegible]

A 18 Aprile consegnati lo [illegible], che stava dentro la nuova casa che si fabbrica, e [illegible] di peso — rot. — 35½ / — 2

A [illegible] per una [illegible] di [illegible] che stava alla [illegible] nuova casa rot. 7

[illegible] una cancella che stava alla finestra della porta della vecchia [illegible] del Banco, [illegible] posta alla finestra del [illegible] muro della nuova [illegible], e di nuovo [illegible] e consegn. al Ferraro di peso — rot. — 81 / 3. 65½

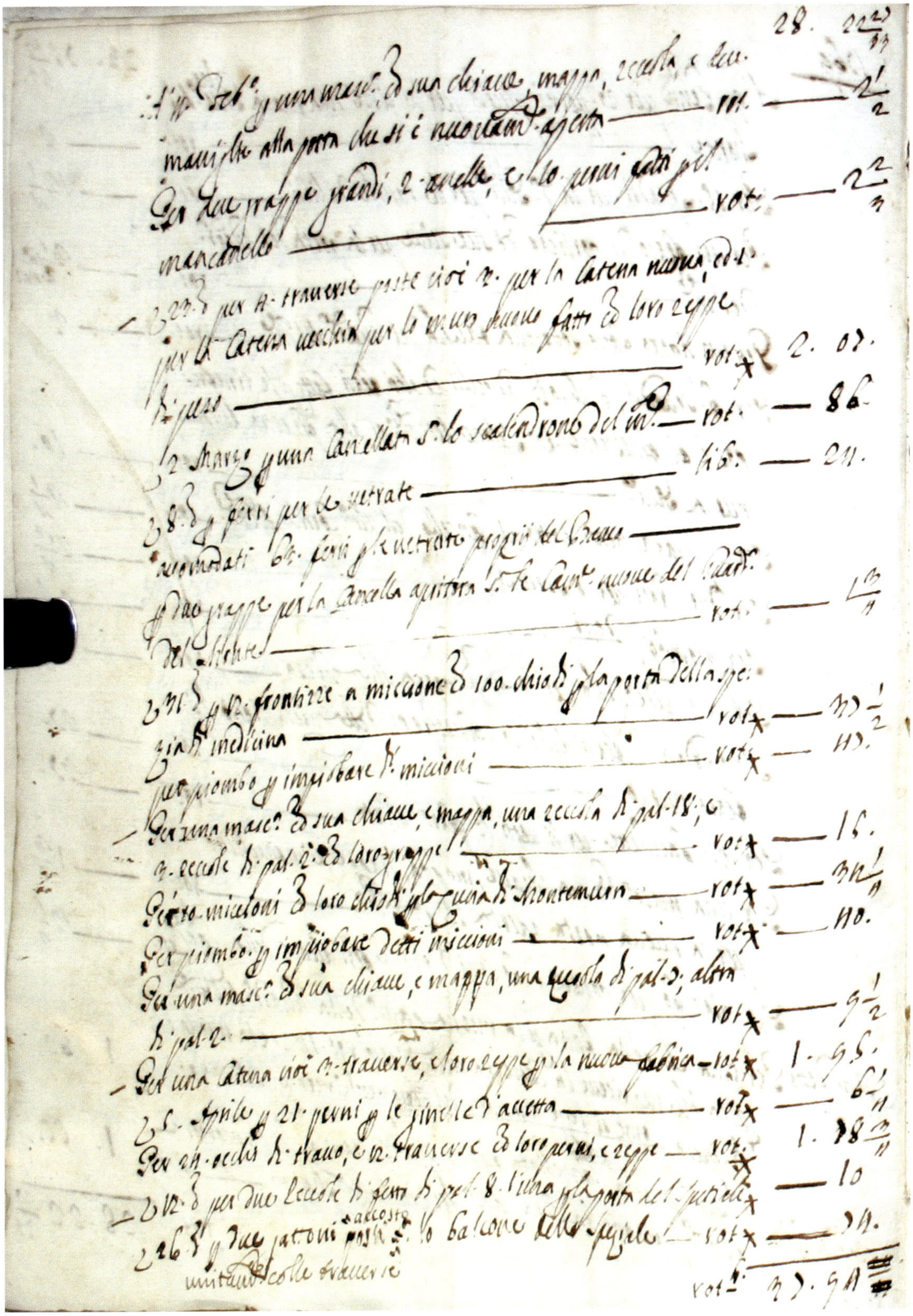
28. 22 2/11

A [illegible] del. [illegible] con sua chiave, mappa, zeccola, e due — 2 1/2

maniglie alla porta che si è [illegible] aperta — vot.

Per due grappe grandi, 2 anelle, e 10 perni fatti pel — 2 2/3

mancatello — vot.

2 [illegible] per 4 traverse poste cioè 2 per la catena nuova, ed 1

per la catena vecchia per lo muro nuovo fatto ed loro zeppe — vot. 2. 07.

di peso — vot. — 86

12 Marzo per una cancellata s. lo scalandrone del [illegible] — vot. — 21.

28 d. ferri per le vetrate — lib.

[illegible] [illegible] ferri per vetrate proprij del [illegible]

per due grappe per la cancella [illegible] s. le [illegible] nuove del [illegible] — vot. — 1 3/11

del [illegible]

2 31 d. per 12 frontizze a miccione ed 100 chiodi per la porta della spe-

ziaria medicina — vot. — 37 1/2

per piombo per impiombare d. miccioni — vot. — 115.

Per una masc. ed sua chiave, e mappa, una zeccola di pal. 1 1/2, e — vot. — 16.

2 zeccole di pal. 2 ed loro grappe

Per 10 miccioni ed loro chiodi per la [illegible] di Montemurro — vot. — 38 1/11

Per piombo per impiombare detti miccioni — vot. — 110.

Per una masc. ed sua chiave, e mappa, una zeccola di pal. 3, altra

di pal. 2 — vot. — 9 1/2

Per una catena cioè 2 traverse, e loro zeppe per la nuova fabrica — vot. 1. 95.

2 5 Aprile per 21 perni per le finestre d'accetta — vot. — 6 1/11

Per 24 occhi di travo, e 12 traverse ed loro perni, e zeppe — vot. 1. 78 1/11

2 12 d. per due zeccole di ferro di pal. 8 l'una per la porta del [illegible] — 10

2 26 d. per due pattoni posti accosto s. lo balcone della speziale — vot. — 34.

unitamente colle traverse

vot. 27. 91

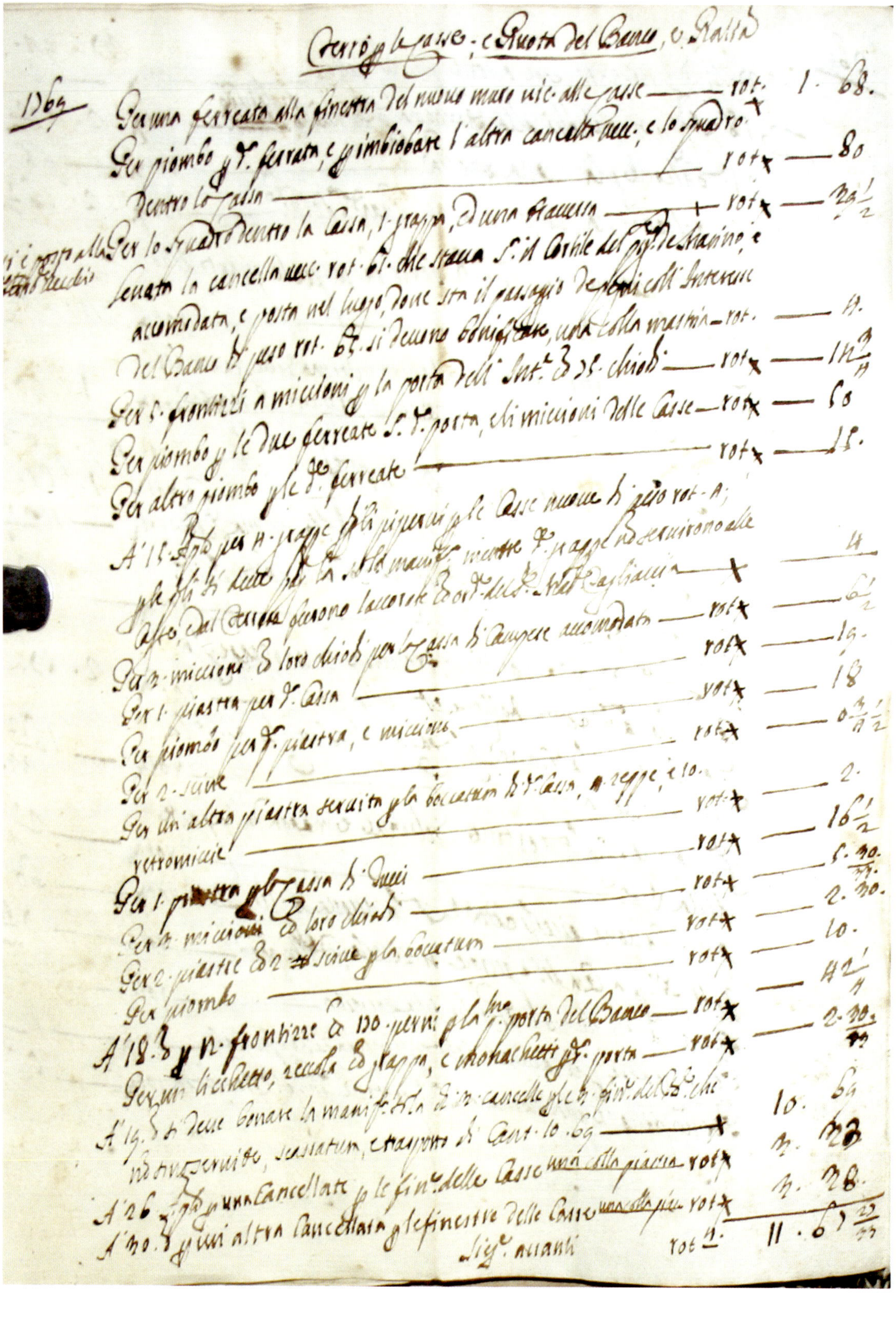
Ferri p. le casse, e Ruota del Banco, e Ralla

1769 Per una ferrata alla finestra del nuovo muro vic. alle casse — rot. 1. 68.

Per piombo p. d. ferrata, e p. imbiobare l'altra cancellata vecc., e lo squadro — rot. — 80

dentro lo Casin — rot. — 29 1/2

Per lo squadro dentro la Cassa, 1. grappa, ed una traversa — rot.

Per 5. frontizzi a miccioni p. la porta dell'Ant. ed 25. chiodi — rot. — 112 3/4

Per piombo p. le due ferrate d. porta, e li miccioni delle Casse — rot. — 60

Per altro piombo p. le d. ferrate — rot. — 15.

Per 2. miccioni ed loro chiodi per la Cassa di Campese accomodata — rot. — 19.

Per 1. piastra per d. Cassa — rot. — 18

Per piombo per d. piastra, e miccioni — rot.

Per 2. scine — 2.

Per un'altra piastra servita p. la boccatura di d. Cassa, a zeppe, e 10. — rot. — 16 1/2

Per 1. piastra p. la Cassa di Ducci — rot. — 2. 30.

Per piombo — rot. — 42 1/4

A 18. d. p. 12. frontizze con 130. perni p. la porta del Banco — rot. — 2. 30.

A 26. d. p. una Cancellata p. le fin. delle Casse — rot. — 4. 28.

A 30. d. p. un'altra Cancellata p. le finestre delle Casse — rot. 11. 67

Seg. avanti rot.

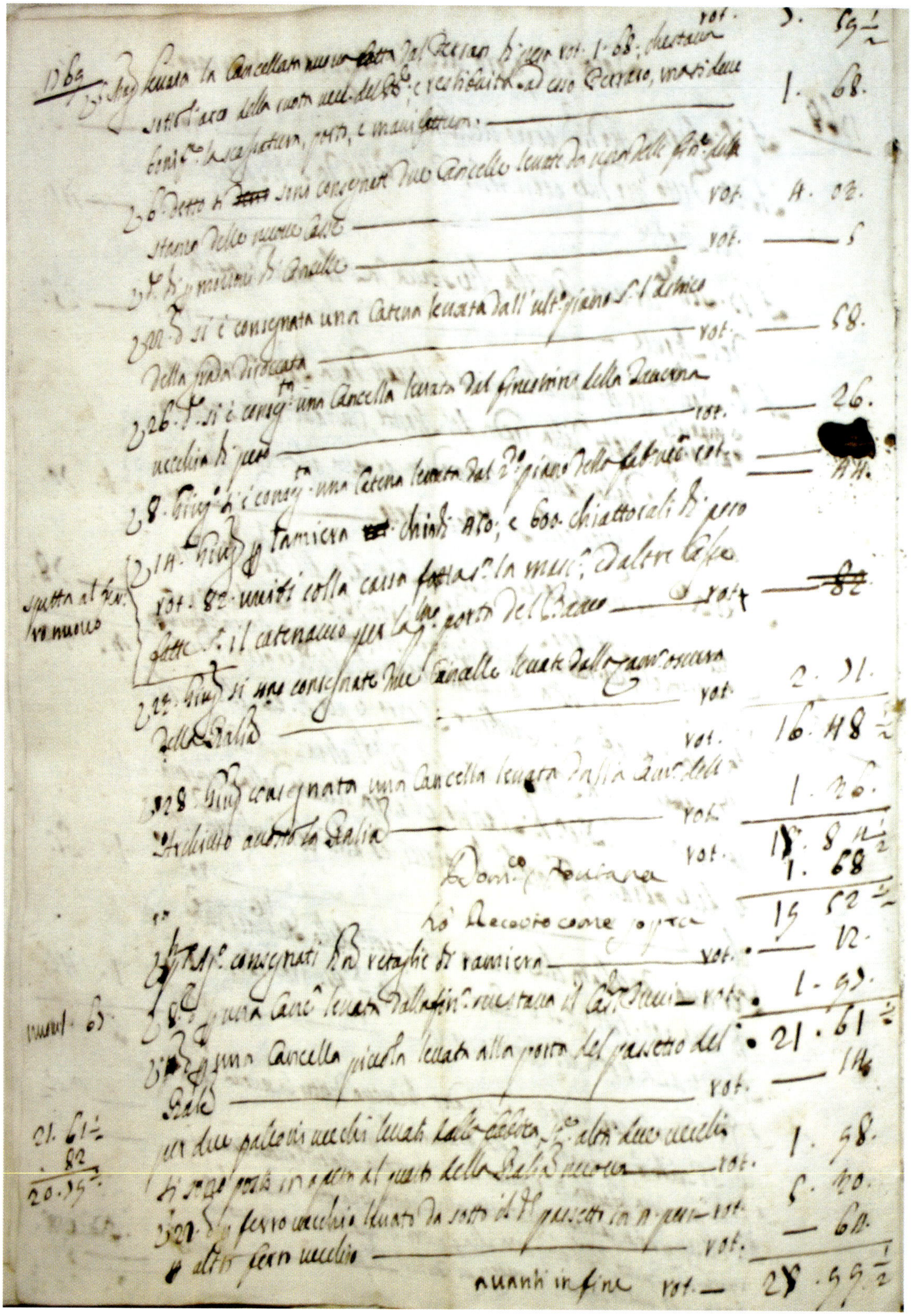

vot. 3. 69 1/2

1769 / 13 Aug. levata la Cancellata nuova fatta dal Ferraro di peso vot. 1.68; che tanta intorno all'arco della nota nel detto; e restituita ad esso Ferraro, mentre deve esser ben pagata, posto, e manifattura. — 1. 68.

26. Detto si sono consegnati due Cancelli levati da sopra delle finestre della stanza dello nuovo Archivio — vot. 4. 02.

27. detto di [illegible] di Canalle — vot. — 5

30. detto si è consegnata una Catena levata dall'ultimo piano della [illegible] della strada [illegible] — vot. — 58.

26. detto si è consegnata una Cancella levata dal finestrino della Dispensa vecchia di peso — vot. — 26.

28. Giugno si è consegnata una Catena levata dal 2° piano della fabbrica vot. — 44.

spetta al Ferraro nuovo — 21. Giugno di Tamiera [illegible] chiodi, e 600 chiattorali di ferro vot. 82 uniti colla cassa fatta per la [illegible] d'altre cose fatte, il catenaccio per la porta del [illegible] — vot. — 82

22. Giugno si sono consegnate due Canalle levate dallo [illegible] della Galleria — vot. 2. 31.

vot. 16. 48 1/2

28. Giugno consegnata una Cancella levata dalla Camera dell'Archivio antico la Galleria — vot. 1. 20.

vot. 18. 8 1/2

Domenico Fusiano — 1. 68

ho' ricevuto come sopra — 15 62 1/2

1770 / 3 Gennaio consegnati due ritagli di ramiera — vot. — 12.

8 detto una Canc. levata dalla fin. [illegible] — vot. 1. 93.

num. 63 — 21. 61 1/2

21. detto una Cancella piccola levata alla porta del passetto del Gallo — vot. — 14

21. 61 1/2
82
20. 79 1/2

per due paletti vecchi levati dalla [illegible] altri due vecchi di [illegible] al posto della [illegible] nuova — vot. 1. 58.

vot. 5. 40.

30. detto ferro vecchio levato da sotto il detto passetto in [illegible] — vot. — 60.

e altro ferro vecchio — vot.

avanti in fine vot. — 28. 39 1/2

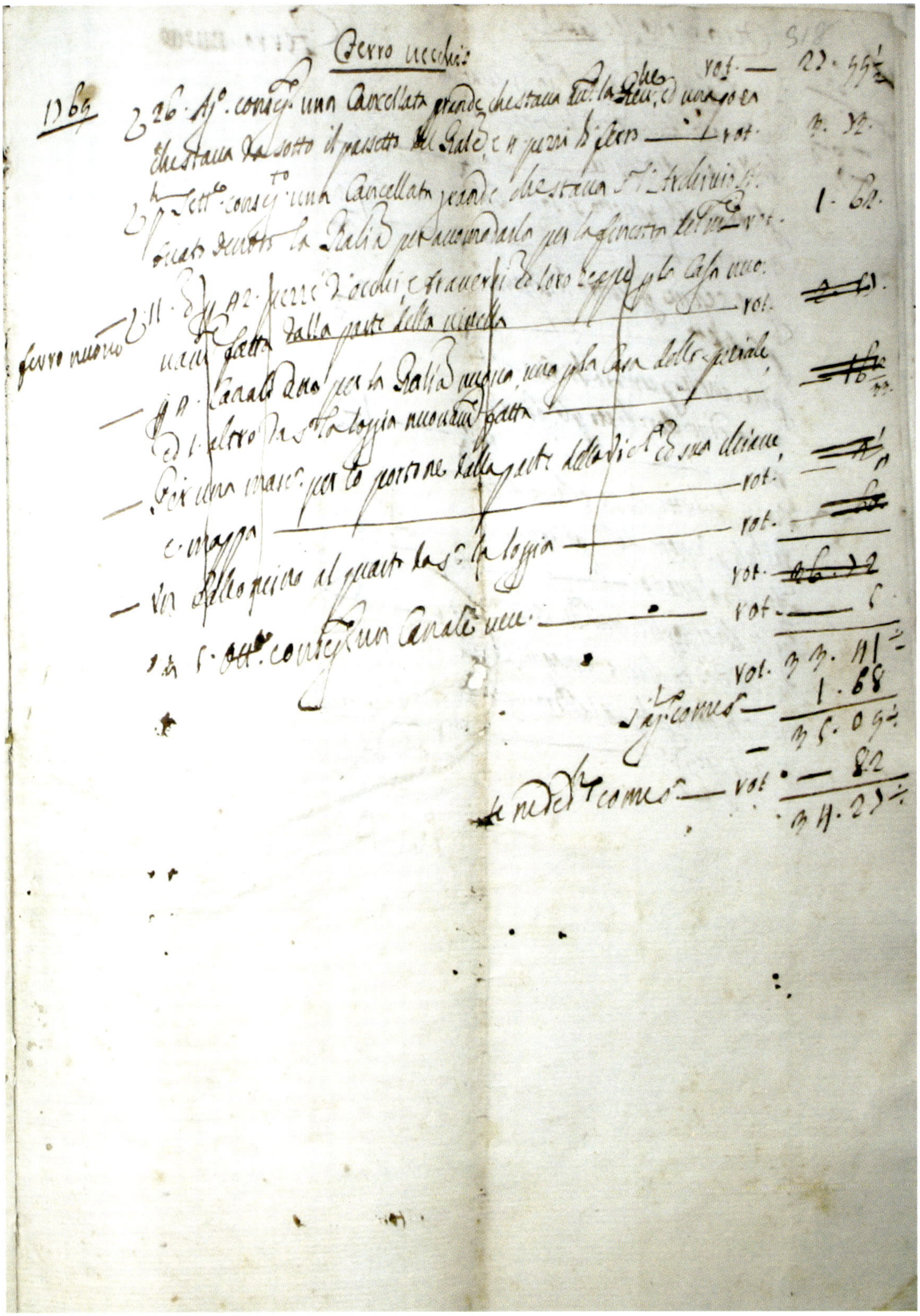
Ferro vecchio

1769 — 26 Ag.to consegn. una Cancellata grande che stava [illegible], ed una [illegible] che stava da sotto il passetto del Gradè, e 4 pezzi di ferro — vot. 22.55½ / 4.32

7 Sett.re consegn.to una Cancellata grande che stava [illegible] [illegible] dentro la [illegible] per [illegible] per la [illegible] — vot. 1.62

Ferro nuovo — 11 d.o 42 pezzi d'occhi, e traversi [illegible] [illegible] p. la Casa [illegible] fatta dalla parte della [illegible] — vot.

[illegible] Canale [illegible] per la [illegible] [illegible] per la Casa della [illegible] ed 1 altro [illegible] la loggia [illegible] fatta

Per una [illegible] per lo portone dalla parte della d.a [illegible] — vot.

e [illegible] — vot.

Per [illegible] al quarto [illegible] la loggia — vot.

[illegible] 5 Ott.re consegn. un Canale [illegible] — vot.

vot. 33.41½

[illegible] 1.68

35.09½

[illegible] — vot. 82

34.27½

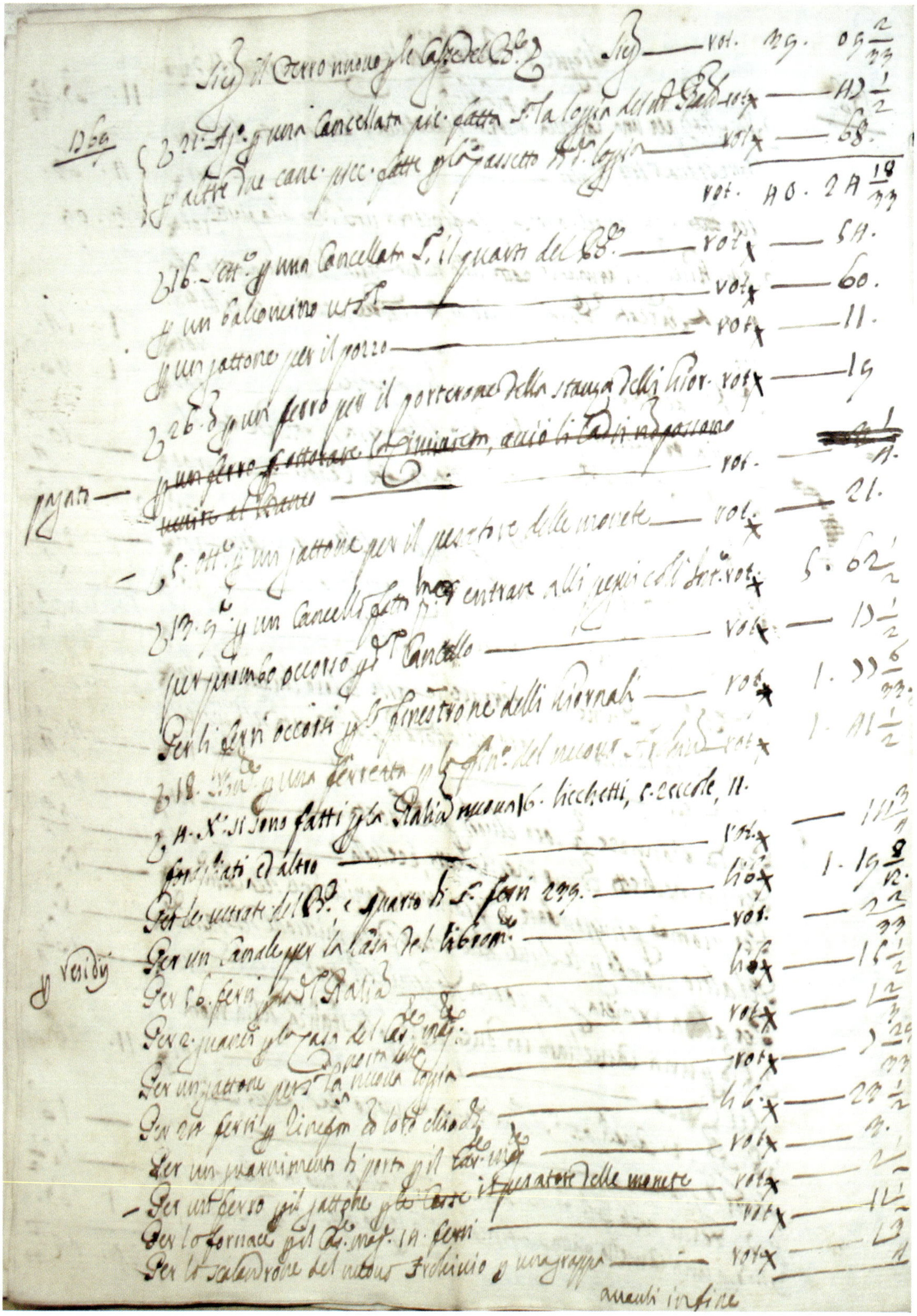
Sieg. il ferro nuovo p le case del Pal.o   Sieg. — vol. 29. 09 2/33
— 42 1/2
Dbo   { 21 Ap.e p una Cancellata pre. fatta s. la loggia del Pal.o vol. — 68 2/2
{ p altre due cane prec. fatte p il passetto d. loggia — vol.
vol. 40. 24 18/33
16 ott.e p una Cancellata s. il quarto del Pal.o — vol. — 54.
p un balconcino — vol. — 60.
p un pattone per il pozzo — vol. — 11.
26 d. p un ferro per il portenone della stanza delli Lisor. vol. — 15
p un ferro p attorare il ... acciò li ... non passano
pagati — ... vol. — 11.
— 21.
5 ott.e p un pattone per il quatro delle monete — vol.
p un Cancello fatto p entrare alli pezzi coll' ... vol. 5. 62 1/2
13 d. p un Cancello — vol. — 13 1/2
per piombo occorso p d. Cancello
Per li ferri occorsi p d. finestrone delli Giornali — vol. 1. 33 6/33
18 ... p una ferrata p la fin.a del nuovo ... vol. 1. 41 1/2
11 X.e si sono fatti p la Stalla nuova 16 ... ferri, e ... 11.
ferrati, et altro — vol. — 112/4
Per le serrate del Pal.o e quarto di s. ferri 233. — lib. 1. 19 8/12
Per un Canale per la casa del libraro — vol. — 2 2/33
Per 6. ferri p d.a Stalla — lib. — 16 1/2
Per 2 quarti p la casa del Cap. maj. — vol. — 12/2
Per un pattone per la nuova loggia — vol. — 1 29/33
Per otto ferri p ... — lib. — 22 1/2
Per un ... di porta p il ... — vol. — 2.
Per un ferro p il pattone p le casse del quatro delle monete — vol. — 2
Per le fornace p il ... 14 ferri — vol. — 12
Per lo scalandrone del ... p una grappa — vol. — 13
— 4
avanti in fine

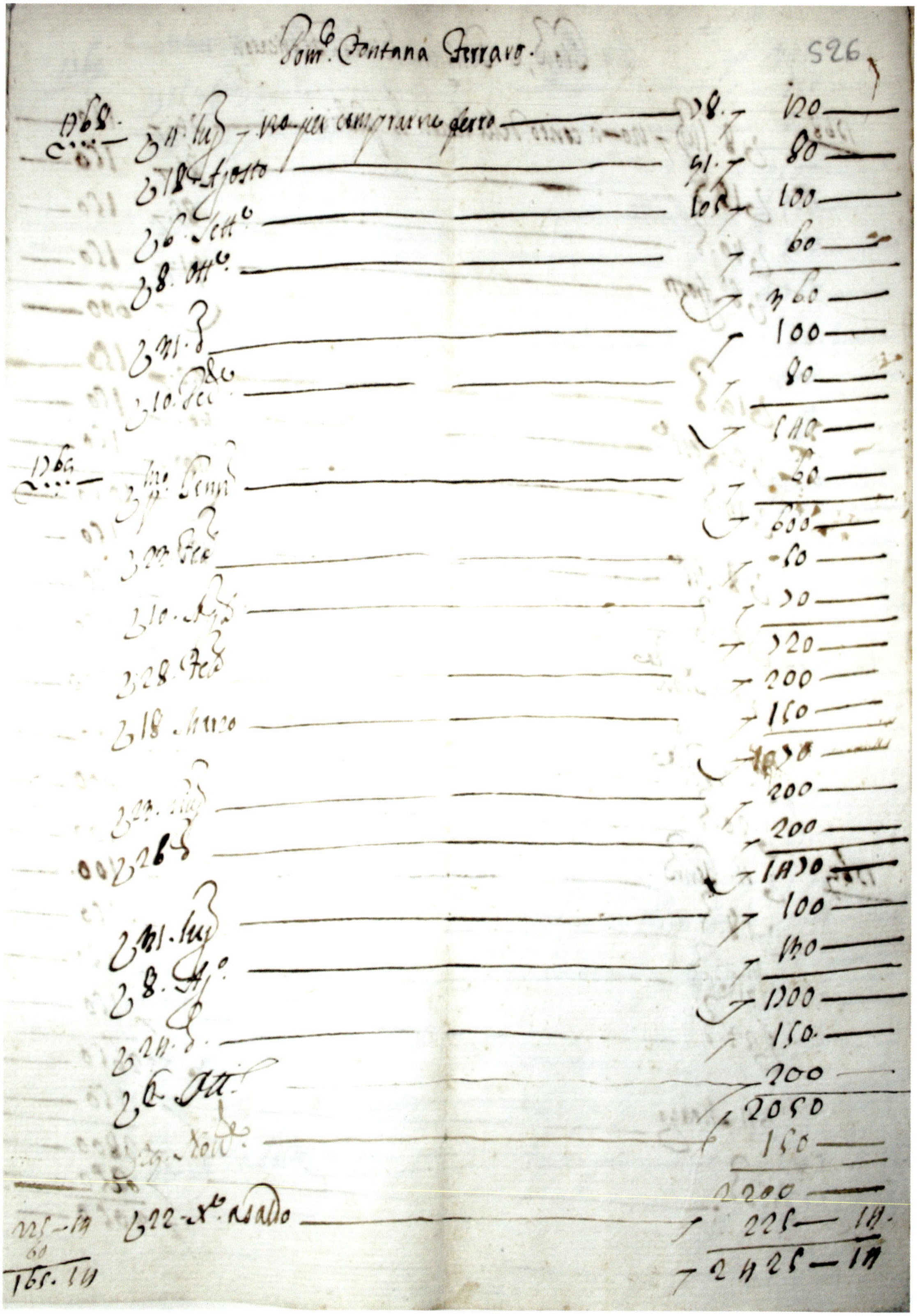
Pom.co Fontana Ferraro. 526

1768
a 31 lug. — rec. per comprarne ferro — 98 — 120
a 18 agosto — 91 — 80
a 6 sett.e — 102 — 100
a 8 ott.e — 60
— 360
a 21 d. — 100
a 10 dec.e — 80
— 540
1769
a 1.mo genn. — 60
— 600
a 20 feb. — 60
a 10 d. — 30
— 120
a 28 feb. — 200
a 18 marzo — 150
— 1050
a 22 lug. — 200
a 26 d. — 200
— 1450
a 31 lug. — 100
a 8 ag.o — 150
— 1700
a 24 d. — 150
a 6 ott. — 200
— 2050
a 29 nov. — 150
— 2200
225 - 14
60
165. 14
a 22 x.bre saldo — 225 — 14
— 2425 — 14

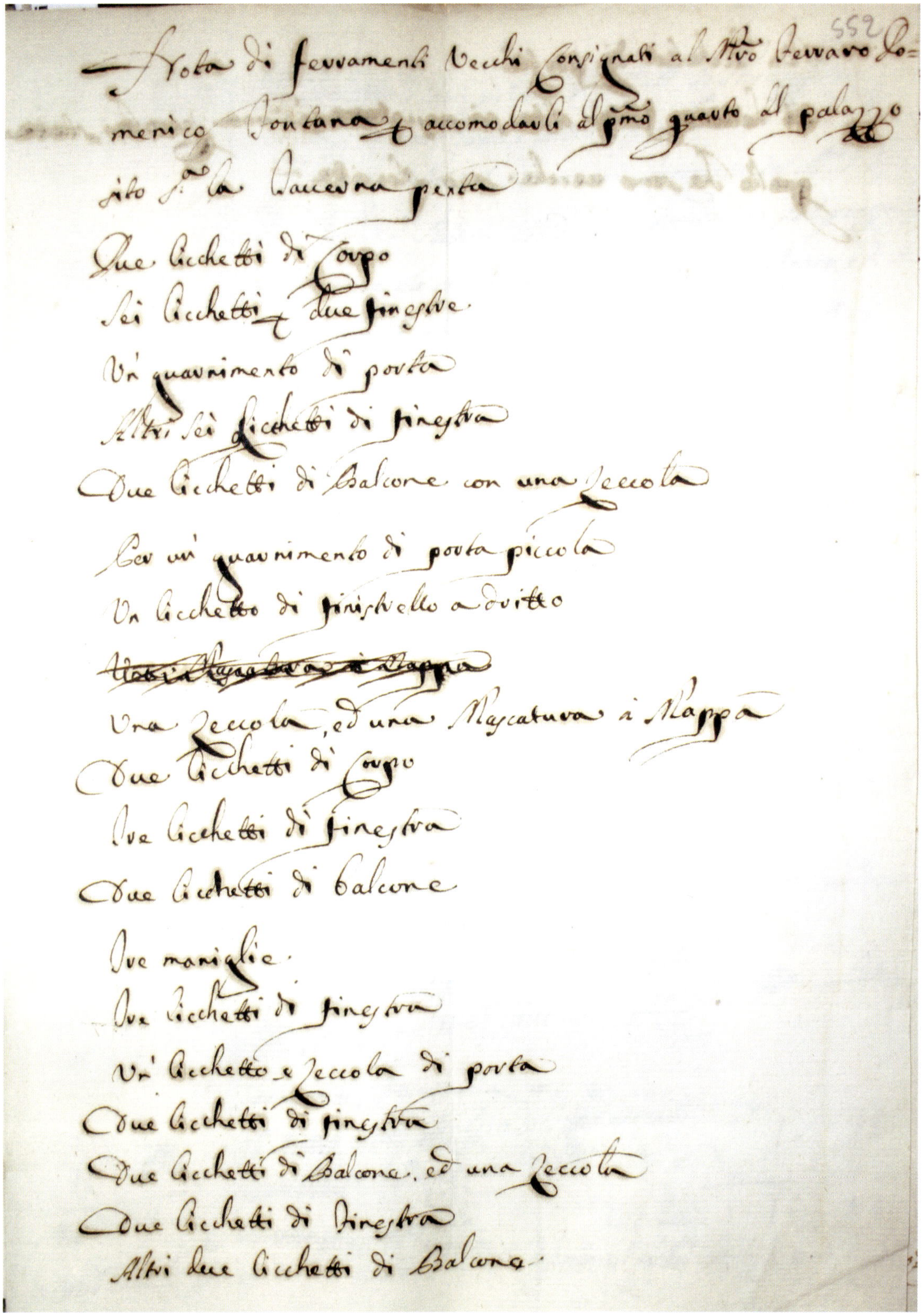

552

Nota di ferramenti vecchi consignati al M.ro Ferraro Do-
menico Fontana per accomodarli al p.mo quarto del palazzo
sito S.a la Taverna penta

Due Cicchetti di Corpo
Sei Cicchetti per due finestre
Un guarnimento di porta
Altri sei Cicchetti di finestra
Due Cicchetti di Balcone con una Zeccola
Per un guarnimento di porta piccola
Un Cicchetto di finistrello a dritto
~~Una Mascatura a Nappa~~
Una Zeccola, ed una Mascatura a Nappa
Due Cicchetti di Corpo
Due Cicchetti di finestra
Due Cicchetti di balcone
Due maniglie
Due Cicchetti di finestra
Un Cicchetto e Zeccola di porta
Due Cicchetti di finestra
Due Cicchetti di Balcone, ed una Zeccola
Due Cicchetti di finestra
Altri due Cicchetti di Balcone

Si dichiara per me sotto d'aver ric.to dal B.co e S. M.te de Poveri diversi ferro
vecchio di peso cant.a otto, e rotola 49. venduti mi da d. Banco
alla ragione di d. undeci il cantaro, così apprezzato dal M.co d. Gio.
del Gaiso Ing.re di d. Banco, per doverli bonificare dal prezzo de
lavori di ferro, che sto facendo per la fabrica di d. Banco, ed a
cautela [illegible] Nap. 8. Lug.o 1662 — Cant.a 8. 49.

Di più ho ric.to due cancellate vecchie ch'era-
no situate alle due finestre dell'antica
126. 61. Provisione di peso cant.a tre, e rot. due Cant.a 3. 02

Cant.a 11. 51

Domenico Fontana

[illegible]. 86. A 26. Nov.re consig. altro ferro vecc. rot. — 26.

1663

A 11. Gen.ro consignati due cancellate di ferro,
che stavano alle due finestre [illegible] restan-
ze dell' [illegible] di peso una di rot. 56, et l'altra
18. 04. di rot. 88. in tutto a 11. il cant. rot. 1. 64.

A 10. Marzo consig.to ferro vecchio rot. 20. — 20
1. 60. a 8. il cant. di mala qualità

A [illegible] d. consig. altro ferro vecchio [illegible] — 20.
2. 20. rot. 20. a 11. il cant.

Domenico Fontana

A 26. Marzo consig. altro ferro vec. due can- 1. 18.
12. 98. cellate levate dallo [illegible] del [illegible]

165. 39 Domenico Fontana Cant. — 15. 05.

la sopradetta quantità di 165. 39. se l'è ritenuto il B.co a 16. [illegible] 1663. col pagam.to fattoli di 12. 3. 11. [illegible]

Vn Licchetto di porta

Si devono fare altre sei mascature, ed una Zeccola, stante

quelle che sono vecchie sono marcite

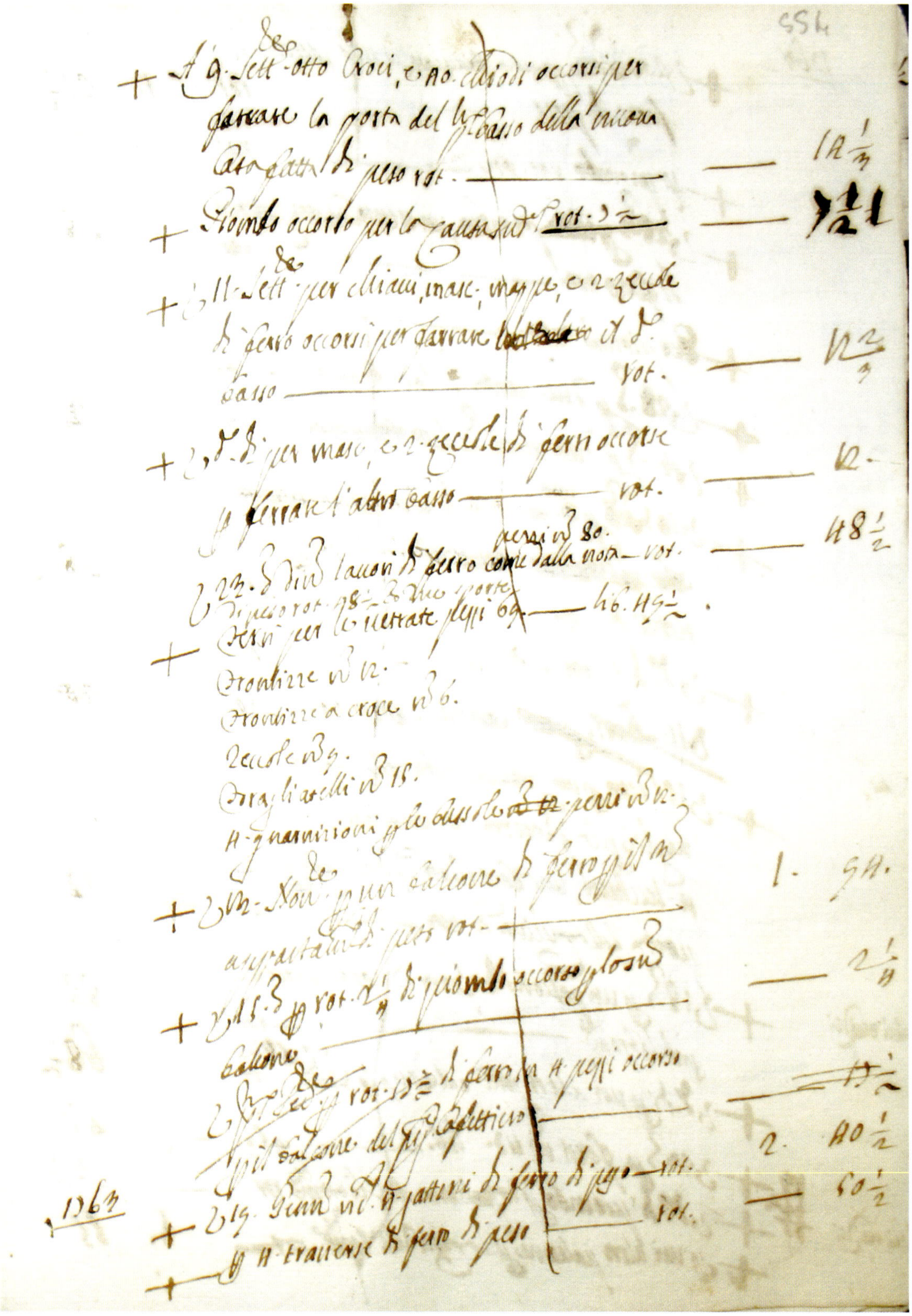
554

\+ A 9 de Sett. otto Croci, e 10 chiodi occorsi per ferrare la porta del [illegible] basso della [illegible] fatta di peso rot. —— 12 1/3

\+ Piombo occorso per la causa sud.ta rot. 3 1/2 —— 7 1/2

\+ A 11 de Sett. per chiavi, masc., mappe, e 2 zeccole di ferro occorsi per ferrare [illegible] il d.o basso —— rot. —— 12 2/3

\+ A d.o d.i per masc. e 2 zeccole di ferro occorse p. ferrare l'altro basso —— rot. —— 12.

A 23 d.o diversi lavori di ferro come dalla nota pezzi n.o 80 —— rot. —— 48 1/2

di peso rot. 98 1/2 [illegible] porte

\+ Ferri per le ferrate pezzi 69 —— 46. 49 1/2

Frontizze n.o 12.

Frontizze a croce n.o 6.

Zeccole n.o 9.

Ferraglioli n.o 18.

4 guarnizioni p. le [illegible] pezzi n.o 12.

\+ A 12 de Nov. p. un balcone di ferro p. il [illegible] di peso rot. —— 1. 94.

\+ A 15 d.o p. rot. 2 1/4 di piombo occorso p. lo sud.o balcone —— 2 1/4

A [illegible] de [illegible] p. rot. 13 1/2 di ferro in 4 pezzi occorsi p. il balcone del [illegible] —— 13 1/2 —— 2. 10 1/2

1563 + A 19 Genn. [illegible] 4 [illegible] di ferro di peso —— rot. —— 60 1/2

\+ p. 4 traverse di ferro di peso —— rot.

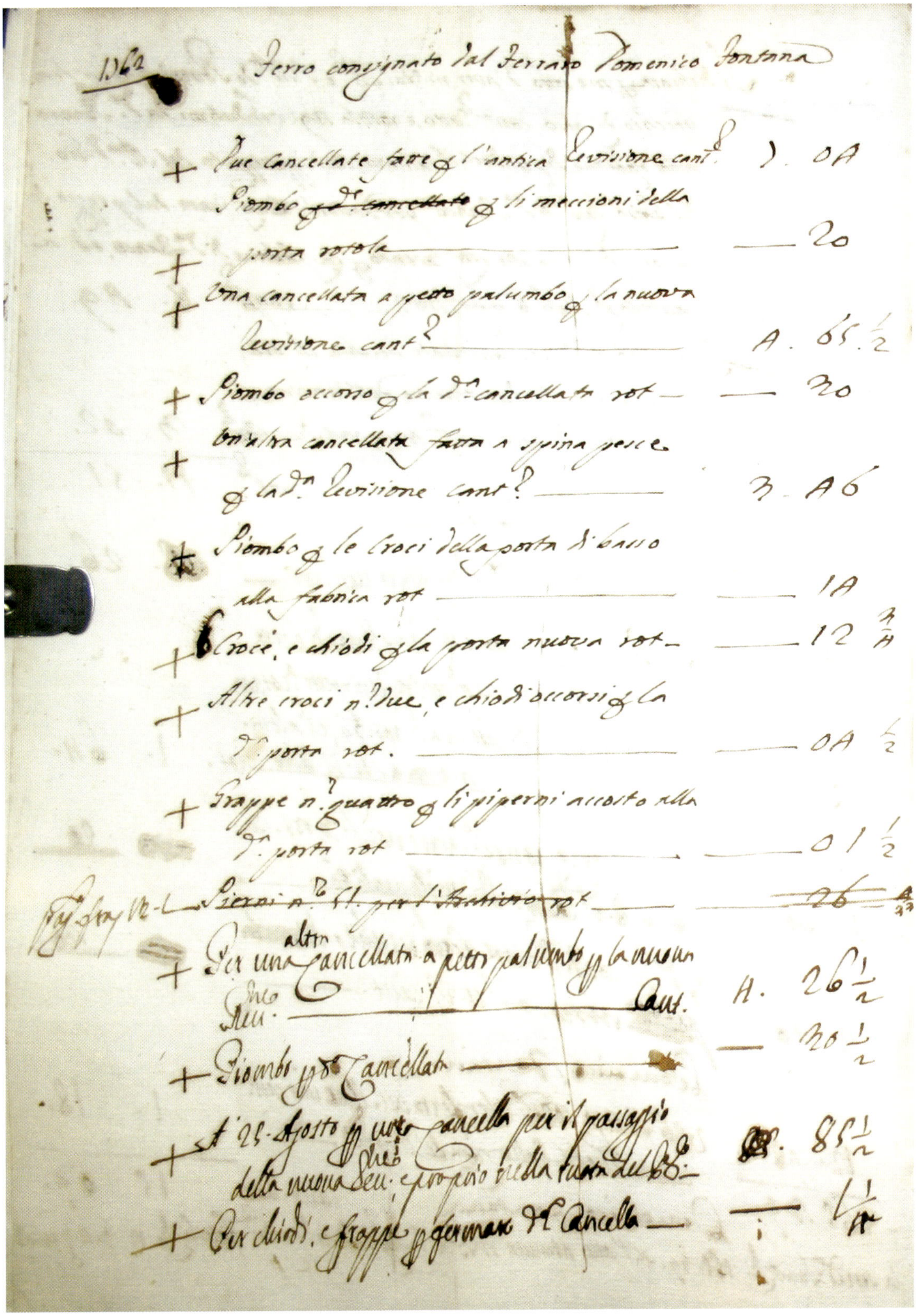

1762 Ferro consignato dal Ferraro Domenico Fontana

+	Due cancellate fatte p. l'antica Levisione cant.°	1. 04
	Piombo ~~p. d.e cancellate~~ p. li meccioni della porta rotola	20
+	Una cancellata a petto palumbo p. la nuova Levisione cant.°	4. 65 1/2
+	Piombo accorso p. la d.a cancellata rot	30
+	Un'altra cancellata fatta a spina pesce p. la d.a Levisione cant.°	3. 46
+	Piombo p. le croci della porta di basso alla fabrica rot	14
+	Croci, e chiodi p. la porta nuova rot	12 3/4
+	Altre croci n.° due, e chiodi accorsi p. la d.a porta rot.	04 1/2
+	Grappe n.° quattro p. li piperni accosto alla d.a porta rot	01 1/2
	~~Pierni n.° 61 per l'Archivio rot~~	~~26~~
+	Per un'altra cancellata a petto palumbo p. la nuova Deu. cant.	4. 26 1/2
+	Piombo p. d.a cancellata	30 1/2
+	A 25 Agosto p. un'altra cancella per il passaggio della nuova Deu. ...	85 1/2
+	Per chiodi, e grappe p. fermare d.a cancella	1/4

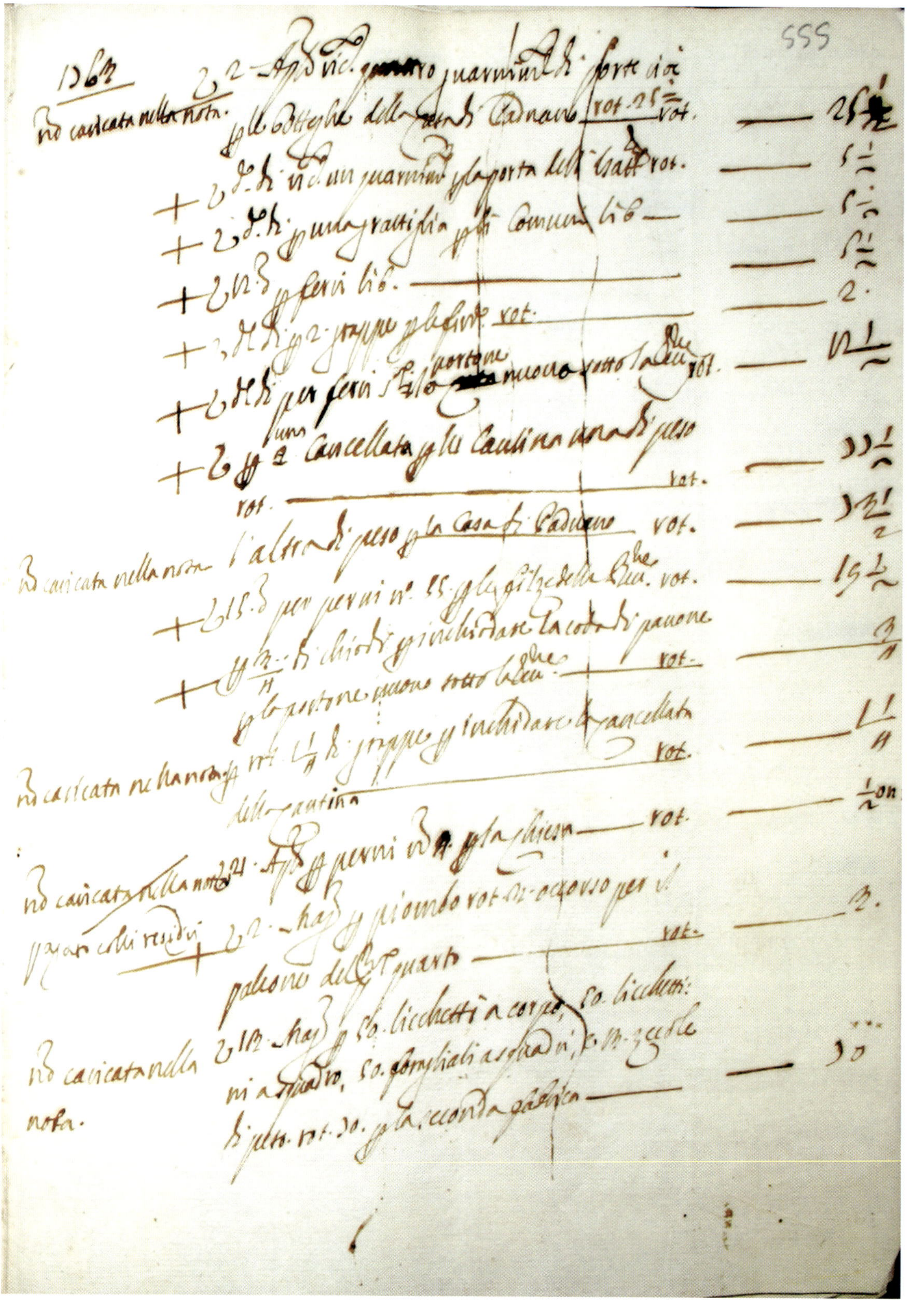

1362 2,2 - Ap.le vic. quattro guarnim.ti di ferro cioè
rò caricata nella nota. p le botteghe della Comunità di Cadauno vot. 25 — vot. — 25

+ 2,8 d. vic. un guarnim.to p la porta dell'Erario vot. — 5 1/2
+ 2,8 d. p una graticola p il Comune lib — 5 1/2
+ 2,12 d. p ferri lib. — 5 1/2
+ 3,8 d. p 2 groppe p le ferr. vot. — 2.
+ 2,8 d. per ferri s[illegible] portone nuovo sotto la Chiesa vot. — 12 1/2
+ 2 ff 2 uno cancellata p le Cantina uno di peso vot. — 33 1/2
vot. — 32 1/2
rò caricata nella nota l'altro di peso p la Casa di Cadauno vot. — 15 1/2
+ 2,15 d. per perni n.° 55 p le gilze della Chiesa vot. — 3/4
+ ff 3/4 di chiodi p inchiodare la coda di pavone p le portone nuovo sotto la Chiesa vot. — 1 1/4
rò caricata nella nota ff vot. 1 1/4 di groppe p inchiodare la cancellata della cantina vot. — 1/2 on
rò caricata nella nota 24 - Ap.le ff perni n.° 4 p la Chiesa — vot. — 3.
p pagar colli residui + 2,2 - Mag.o ff piombo vot. 2 occorso per il palcone dell'[illegible] quarto vot.
rò caricata nella nota. 2,12 - Mag.o ff 50 licchetti a corpo, 50 licchetti mezzi a quadro, 50 gangheri a quadri, 50 m. zeccole di peso vot. 30 p la seconda fabbrica — 30

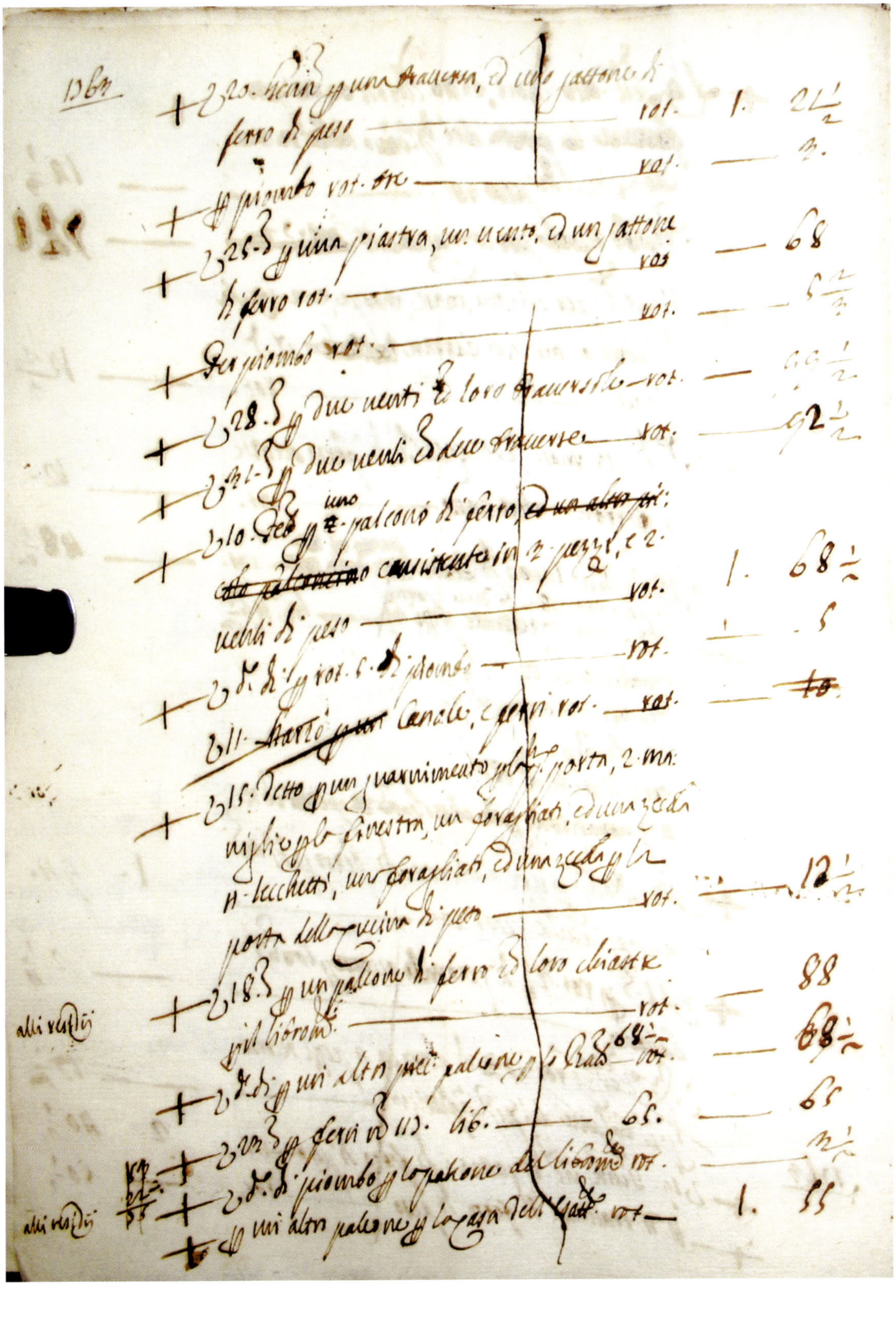
Xbre

+ a 20. detto per una traversa, ed uno jattone di ferro di peso — rot. 1. 24 1/2
per piombo rot. tre — rot. — 3.
+ a 25. detto per una piastra, un [illegible], ed un jattone di ferro rot. — rot. — 68
per piombo rot. — rot. — 6 1/2
+ a 28. detto per due [illegible] e loro traverse — rot. — 66 1/2
+ a 31. detto per due [illegible] e loro traverse — rot. — 92 1/2
+ a 10. detto per uno palcone di ferro [illegible] consistente in 2 pezzi, e 2 [illegible] di peso — rot. 1. 68 1/2
+ a 8. detto per rot. 6 di piombo — rot. — 6
+ a 11. detto per [illegible] canole, e [illegible] rot. — rot. — 10
+ a 15. detto per un guarnimento per la porta, 2 [illegible] per la finestra, un [illegible], ed una [illegible] per li [illegible], un [illegible], ed una [illegible] per la porta della cucina di peso — rot. — 12 1/2
alli [illegible] + a 18. detto per un palcone di ferro ed loro chiave per il [illegible] — rot. — 88
a [illegible] detto per un altro [illegible] palcone per la [illegible] 68 — rot. — 68 1/2
+ a 20. detto per ferri [illegible] 113. [illegible] — 65. — 65
+ a 8. detto di piombo per lo palcone del [illegible] rot. — 12 1/2
alli [illegible] + per un altro palcone per la casa dell' [illegible] rot. — 1. 55

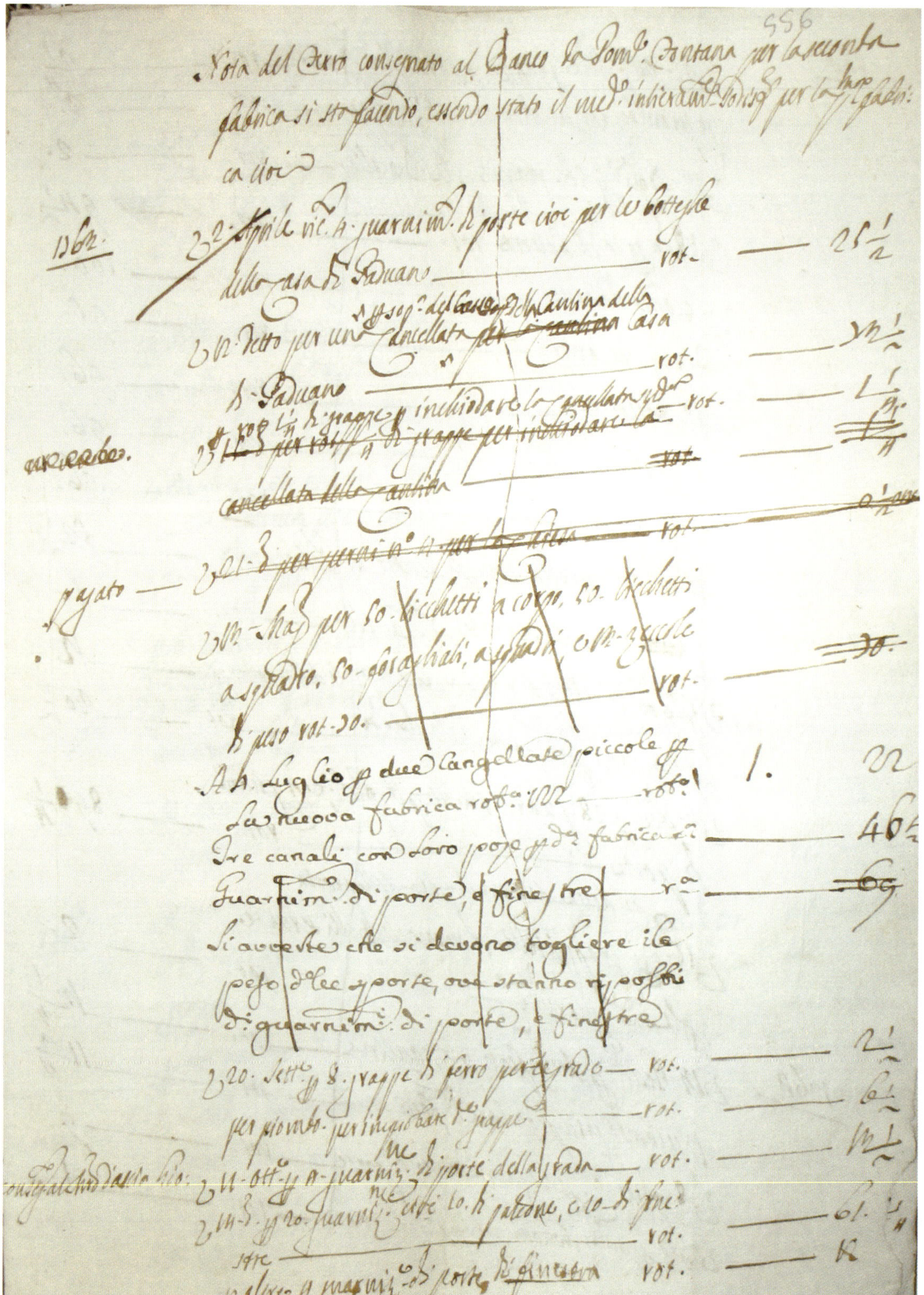
Nota del Ferro consegnato al Banco da Pomp.o Fontana per la seconda
fabrica si sta facendo, essendo stato il med.o [illegible]
cioè

[illegible]

A 4 Luglio per due Cancellate piccole per la nuova fabrica rot.a 112 — rot.a 1. 12
Tre canali con loro poze per d.a fabrica di — 46 1/2
Guarnim.ti di porte, e finestre r.a — 69
Si avverte che si devono togliere il peso delle porte, ove stanno riposti di guarnim.ti di porte, e finestre

[illegible]

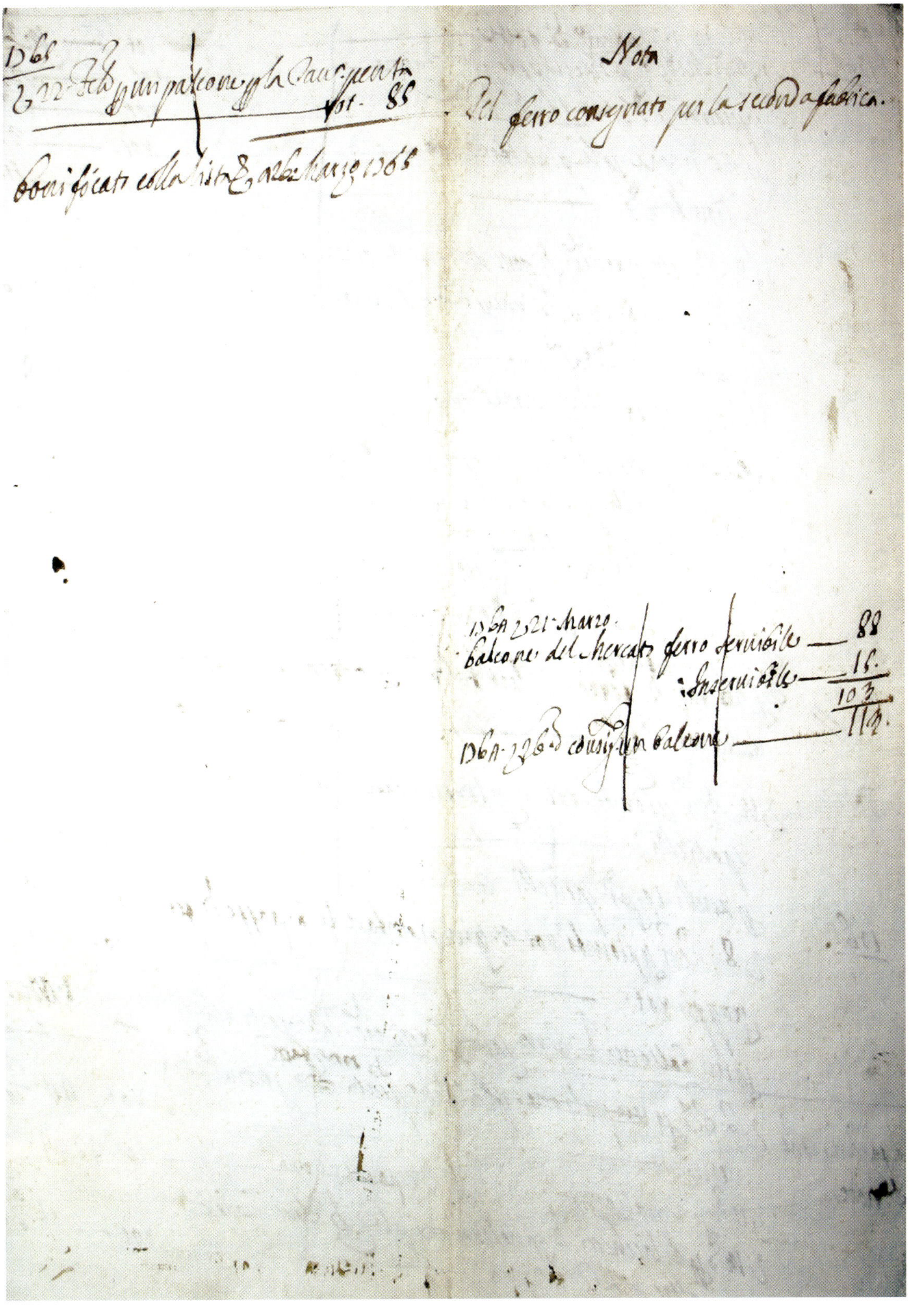

1765
a 22 feb° per un balcone per la casa ... rot. 85

bonificati colla lista de 26 marzo 1765

Nota
Del ferro consegnato per la seconda fabbrica.

1767 a 21 marzo
balcone del mercato ferro servibile — 88
inservibile — 15
103
1767 a 26 d° consig. un balcone — 118

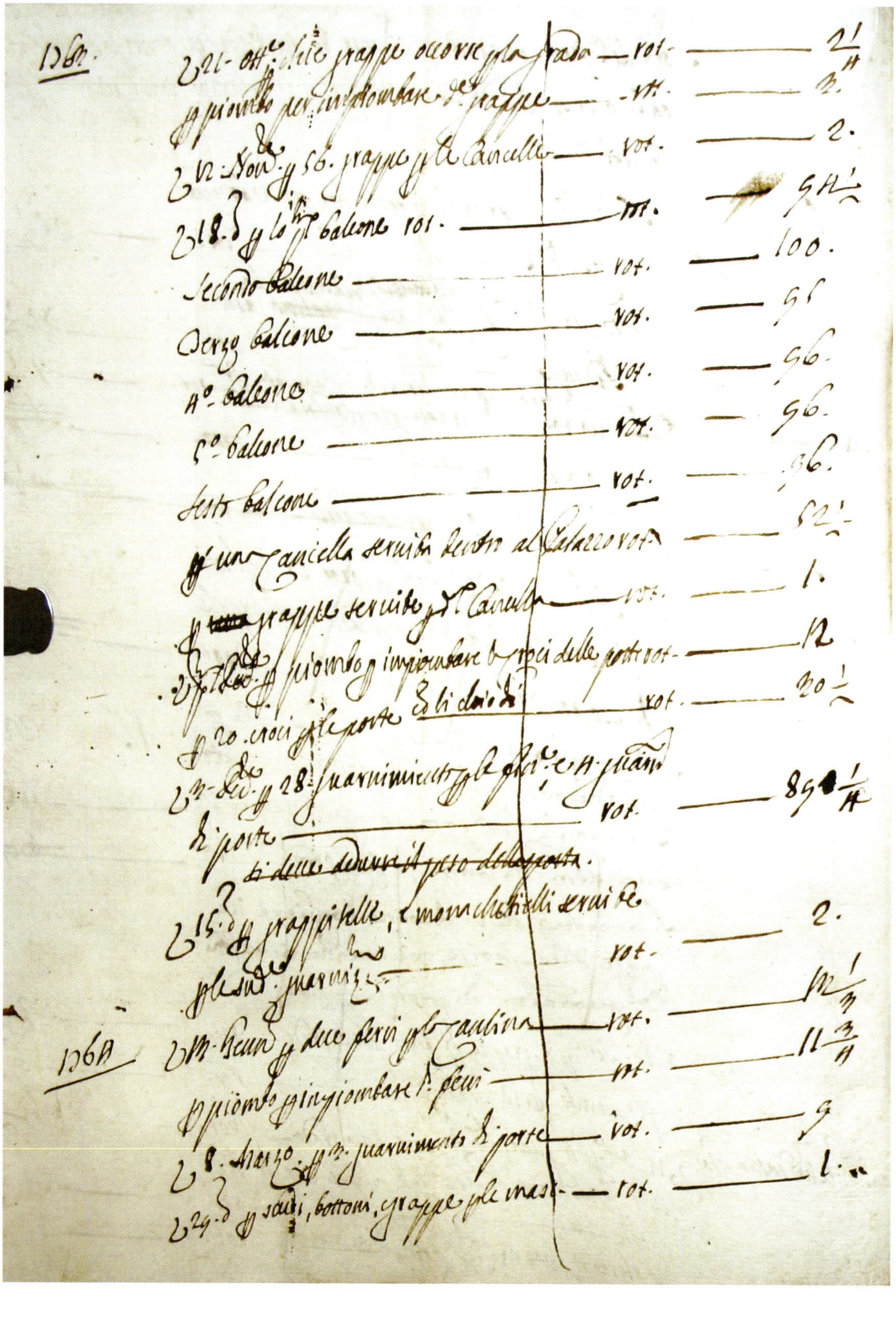

1668 — Adì 21 ott.re p. [illegible] grappe occorse p. la strada — rot. — 2 1/4

p. piombo per impiombare d.e grappe — rot. — 3.

Adì 12 Nov.re p. 56 grappe p. le Cancelle — rot. — 2.

Adì 18 d.o p. lo p.mo balcone rot. — 94 1/2

Secondo balcone — rot. — 100.

Terzo balcone — rot. — 95

4° balcone — rot. — 96.

5° balcone — rot. — 96.

Sesto balcone — rot. — 96.

p. una Cancella servita dentro al Palazzo rot. — 52 1/2

p. grappe servite p. d.a Cancella — rot. — 1.

p. piombo p. impiombare le croci delle porte rot. — 12

Adì 2 Dec.re p. 20 croci p. le porte [illegible] — rot. — 30 1/2

Adì 2 d.o p. 28 guarnimenti p. le [illegible] di porte — rot. — 89 1/4

~~si deve detrarre il peso della porta~~

Adì 15 d.o p. grappitelle, e manichettielli servite p. le sud.e guarnizioni — rot. — 2.

— 12 1/3

1669 Adì 11 Genn.o p. dece perni p. la Cantina — rot. — 11 3/4

p. piombo p. impiombare d.i perni — rot. — 9

Adì 8 Marzo p. [illegible] guarnimenti di porte — rot. — 1.

Adì 24 d.o p. [illegible], bottoni, grappe p. le [illegible] — rot.

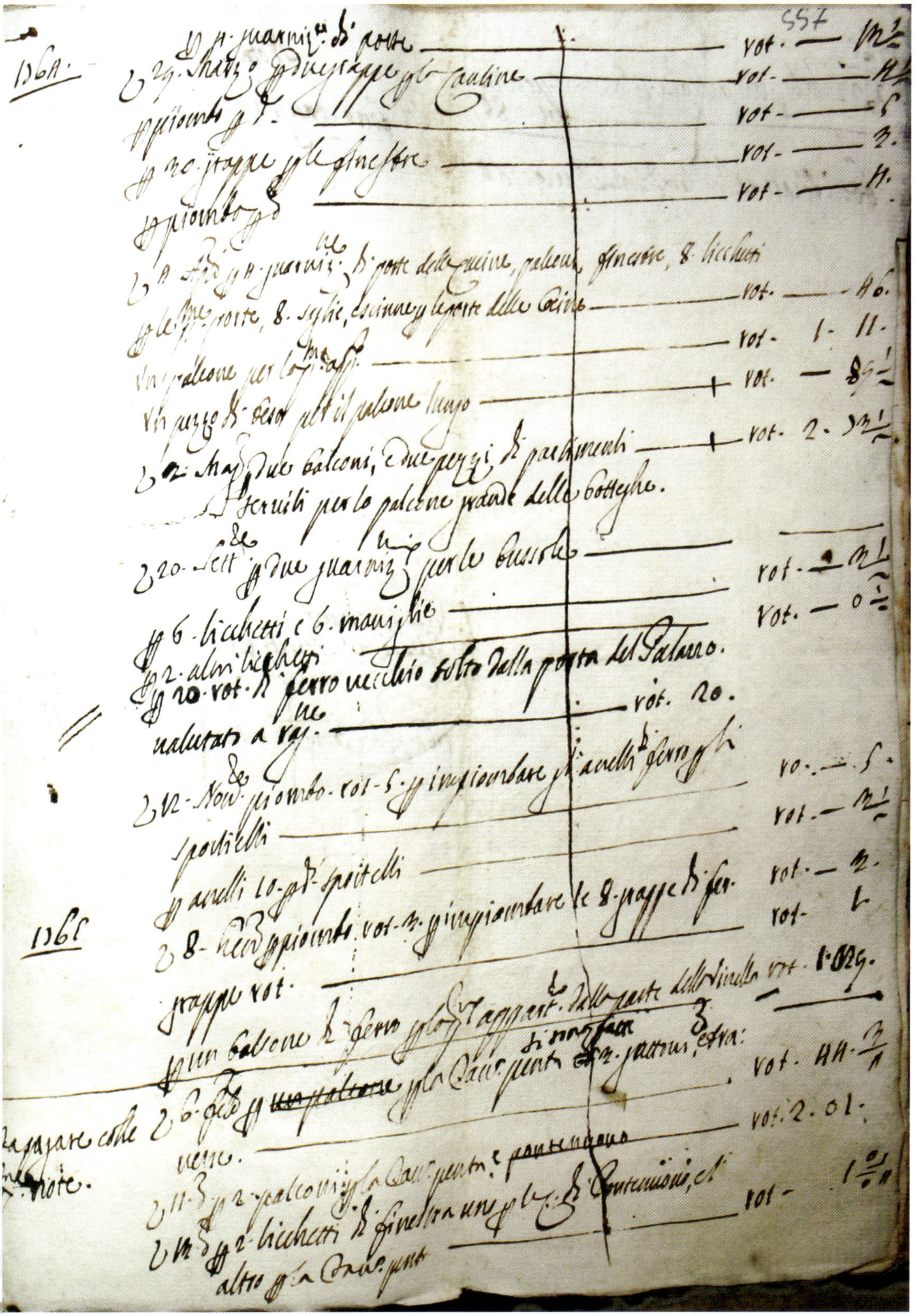

557

Per 4 guarnizioni di porte — vot. — 12½

1764 — per [illegible] grappe per le Cantine — vot. — 11½

[illegible] — vot. — 5

per 30 grappe per le finestre — vot. — 3.

per piombo — vot. — 11.

per 4 guarnizioni di porte delle cucine, palconi, finestre, 8 licchetti per le [illegible] porte, 8 [illegible], cucine e per le porte delle Cucine — vot. — 16.

Un palcone per lo [illegible] — vot. 1. 11.

Un pezzo di ferro per il palcone lungo — vot. — 8

per due balconi, e due pezzi di [illegible] serviti per lo palcone grande delle botteghe. — vot. 2. [illegible]

per due guarnizioni per le bussole — vot. — [illegible]

per 6 licchetti e 6 maniglie — vot. — 0

per 2 altri licchetti

per 20 vot. di ferro vecchio tolto dalla porta del Palazzo. — vot. 20.

valutato a [illegible]

piombo vot. 5 per impiombare gli anelli di ferro gli spoitelli — vot. — 5.

spoitelli — vot. — [illegible]

per anelli 10 per detti spoitelli — vot. — 2.

1765 — [illegible] vot. 3 per impiombare le 8 grappe di ferro — vot. — [illegible]

grappe vot.

[illegible] vot. 11.

[illegible] — vot. 2. 01.

[illegible] — vot. — [illegible]

altro per la [illegible]

1

Nota

del Ferro vecchio consegnato al Fer:
raro Gio.d Fontana

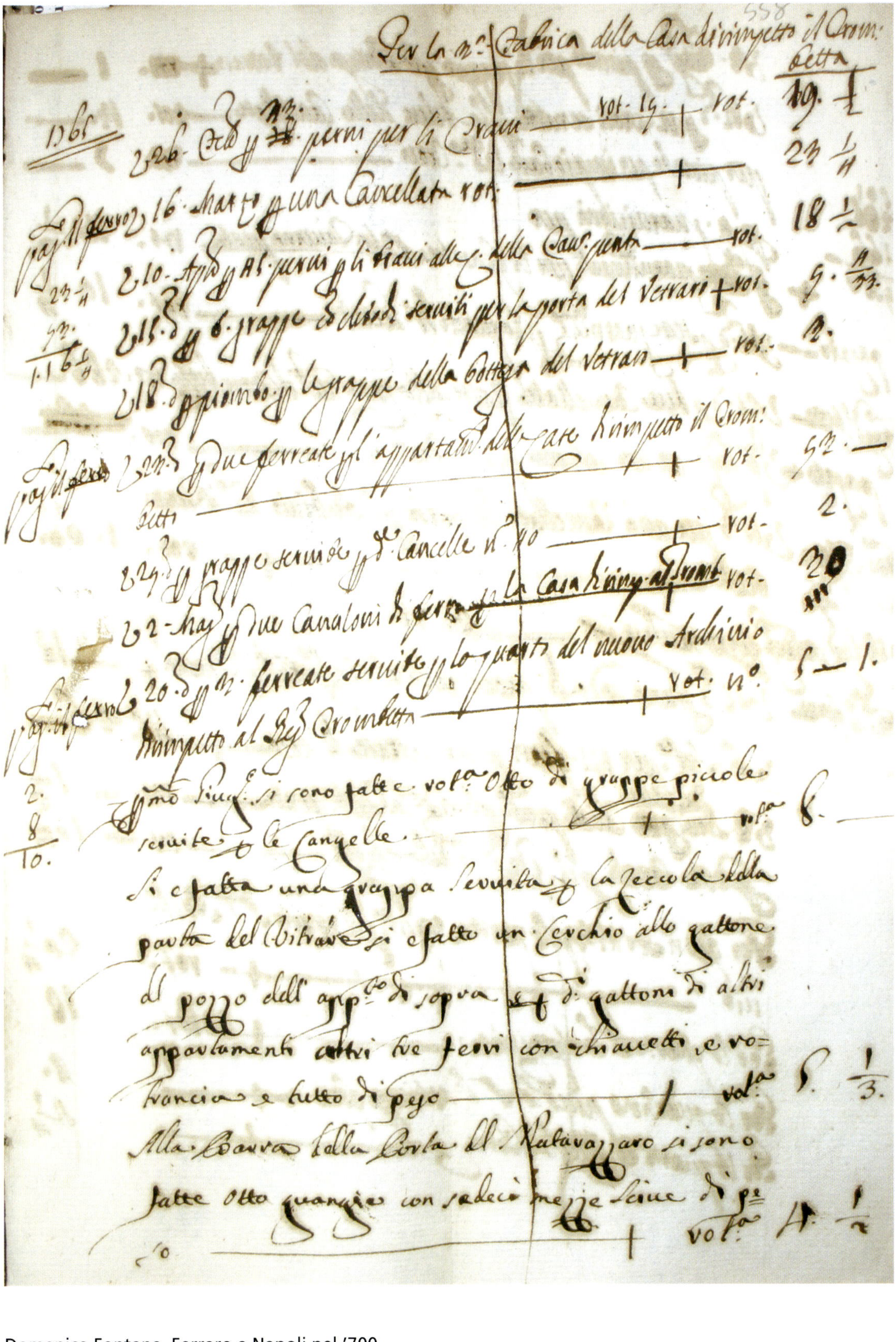
Per la n.a Fabrica della Casa dirimpetto il Crom: betta

1765 226 d.o per 23 perni per li Travi rot. 19 — rot. 19 1/2

23 1/11

16 marzo per una Cancellata rot. 18 1/2

210 Ap.le per 41 perni p. li travi alle ... della Cam. ponta rot. 5 9/33

215 d.o per 6 grappe ed chiodi serviti per la porta del Ferrari rot. 2.

218 d.o piombo per le grappe della Bottega del Ferraro rot.

22 d.o per due ferreate per l'appartam.to delle Case dirimpetto il Crom: betti rot. 52 —

2.

224 d.o grappe servite per d.e Cancelle n. 40 rot. 30

22 Mag. per due Canaloni di ferro per la Casa dirimp. al Tromb. rot.

20 d.o per 12 ferreate servite per le porte del nuovo Archivio rot. n.o dirimpetto al Sig. Trombetta 5 — 1.

2.
8
10.

Ill.mo Sig.re si sono fatte rot.a Otto di grappe picciole servite per le Cancelle rot.a 8.

Si è fatta una grappa servita per la zeccola della porta del Vitrare si è fatto un Cerchio allo gattone del pozzo dell'app.to di sopra e di gattoni di altri appartamenti altri tre ferri con chiavetti e vo= troncia e tutto di peso rot.a 5 1/3.

Alla Barra della Porta del Macinararo si sono fatte otto quanzie con sedeci mezze Scine di pe- so rot.a 4 1/2

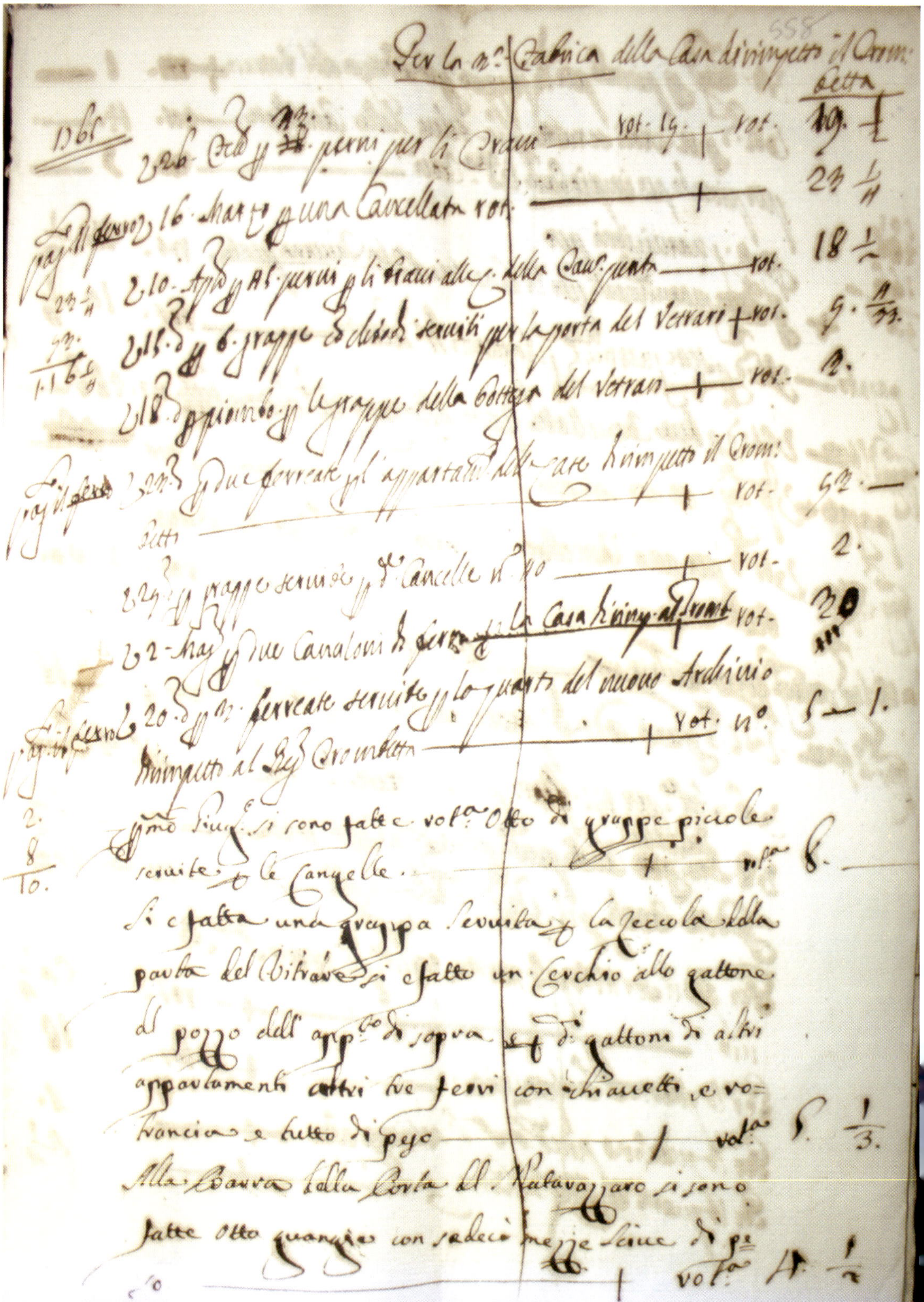
Per la sud.a Fabrica della Casa dirimpetto il Crom: betta

1765 — 22 6 Ott. p. 33 perni per li Cravi vot. 19 | vot. 19 1/2

16 Mar.o p. una Cancellata vot. | 23 1/4

2 10 Ap.le p. 45 perni p. li travi [illegible] della Canc. [illegible] vot. 18 1/2

21 6 d. p. 6 grappe [illegible] serviti per la porta del Verrari vot. 9 11/12

21 8 d. p. piombo p. le grappe della Bottega del Verrari vot. 2

22 [illegible] p. due ferrate p. l'appartam. delle case dirimpetto il Crom: betta vot. 52

22 4 [illegible] grappe servite p. d. Cancelle n. 40 vot. 2

2 2 Mag. p. due Canaloni di ferro p. la Casa dirimp. al Crom. vot. 30

20 d. p. n. ferrate servite p. lo parti del nuovo Archivio dirimpetto al Reg. Crombetta vot. n. 5 1

Ill.mo Sig.re si sono fatte vot.e Otto di grappe piccole servite p. le Cancelle vot.e 8

Si è fatta una grappa servita p. la seccola della porta del Vitrave si è fatto un Cerchio allo gattone del pozzo dell'app.to di sopra et di gattoni di altri appartamenti altri tre ferri con [illegible] e [illegible] e tutto di peso vot.e 5 1/3

Alla Barra della Porta del [illegible] si sono fatte otto [illegible] con sedeci mezze [illegible] di peso vot.e 4 1/2

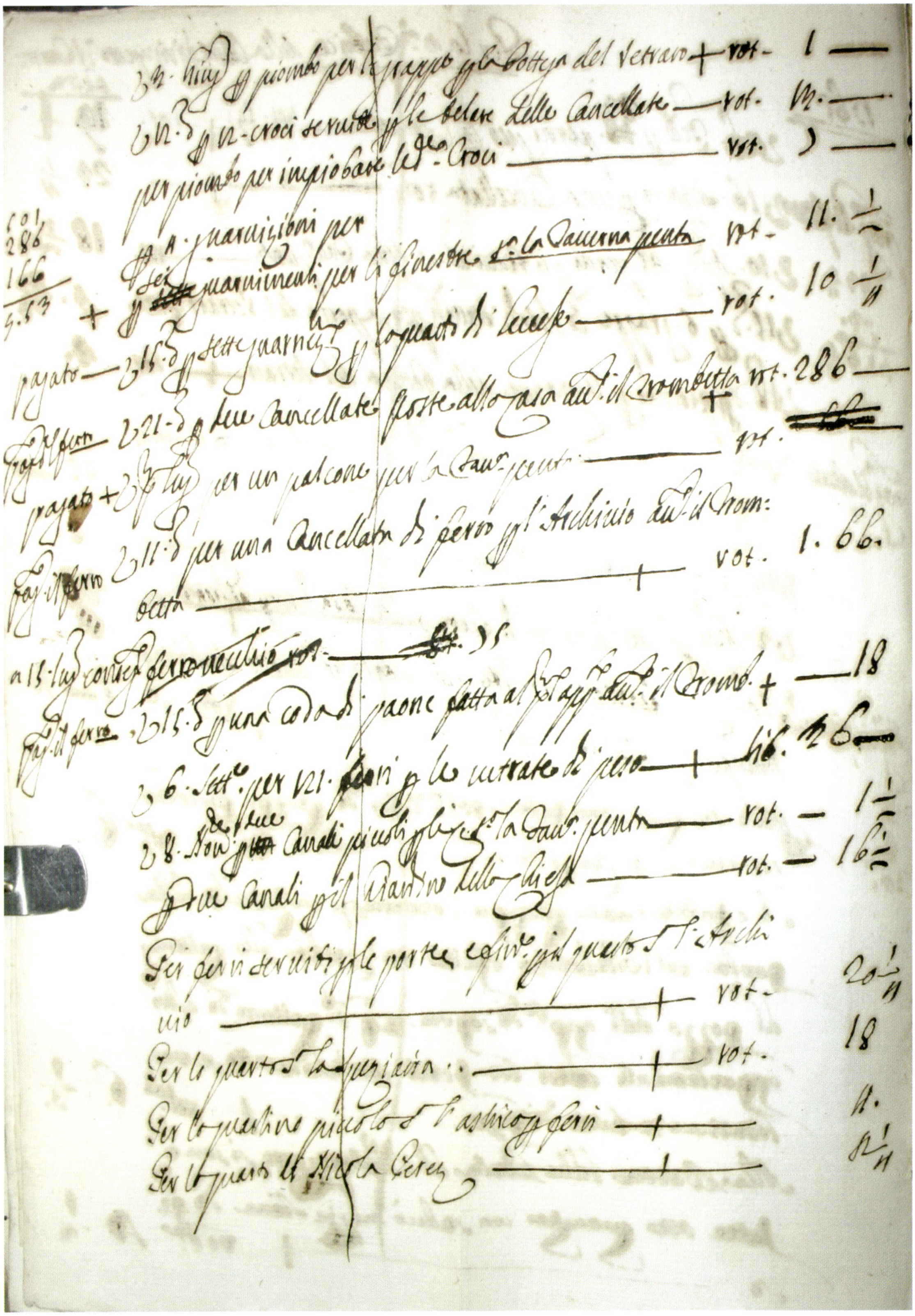

3 d. lug. p. piombo per le grappe p. la bottega del vetraro + vot. 1 —
d. 12. d.° p. 12 croci servite p. le belere delle Cancellate — vot. 12 —
per piombo per impiobare le d.te Croci — vot. 7 —
501
286
166
953
p. 4 guarnizioni per
p. sei guarnimenti per le finestre d.° la Taverna penta — vot. 11 1/2
+ p. — vot. 10 1/4
pagato — 2 15 d.° p. sette guarnizioni p. lo quarto di Lecce — vot.
Pag. il ferro 2 21 d.° p. tre Cancellate poste alla casa dell'Ill. il Trombetta vot. 286 —
pagato + 3 d.° lug. per un patcone per la Tav. penta — vot.
Pag. il ferro 2 11 d.° per una Cancellata di ferro p. l'Archivio dell'Ill. il Trom: betta — vot. 1. 66.
a 15 lug. consegn. ferro vecchio vot. — 35
Pag. il ferro 2 15 d.° p. una coda di paone fatta al p.° app. dell'Ill. il Tromb. + — 18
2 6 sett.e per 121 ferri p. le entrate di peso — lib. 26
2 8 Nov.e p. tre Canali piccoli p. la d.a la Tav. penta — vot. — 1 1/2
p. tre Canali p. il Giardino della Chiesa — vot. — 16 1/2
Per ferri serviti p. le porte e fin.re p. il quarto d.° l'Archivio — vot. 20 1/4
Per lo quarto d.° la Speziaria — vot. 18
Per lo quartino piccolo d.° l'astrico p. ferri — 11.
Per lo quarto di ... la Cerera — 8 1/4

Lavori per l'Oratorio del Sacro Monte dei Poveri

"Al ferraro Domenico Fontana D. 265.3.12 a compimento di D. 285.4.12 e tutti sono cioè D. 278.4.12 per lo prezzo di cantara 4 e rotola 89 ⅓ di ferro lavorato con fiori, e fronde valutato alla ragione di D. 57 il cantaro per la macchina di ferro fatta per uso dell'altare della nostra congregazione, da situarsi in esso in tempo delle due 40 ore si fanno ivi in ogni anno ordinata farsi detta macchina colla concessione de 23 febraio di questo anno (1770) e D. 7 sono per le sole fatighe fatte per scomporre e comporre i ferri priprij del Banco per una piramide fatta, la quale si appoggia sopra della custodia, atteso li mancanti D. 10.1 complimento di D. 285.4.12 l'ave ricevuti in rotola 68 di diversi ferri vecchi del Banco, valutati alla ragione di grana 15 il rotolo giusta la di lui nota tassata dal nostro Magnifico Ingegnere Don Gaetano Barba, letta in Banca ed ordine suddetto*".

(A.S.B.N./Banco dei Poveri, patr. matr. 684, f. 503, n. 14, 504 n. 19, conc. del 30 agosto 1770)

* La macchina venne poi dorata ad argento e mistura dal mastro indoratore Pasquale Biancardi che per tale lavoro ricevette 46 Ducati.

"*Al ferraro Domenico Fontana D. 10 cioè D. 6.2.10 per prezzi di due frasche nuove fatti per li candelieri d'ottone si tengono nella nostra congregazione e D. 3.2.10 per l'accomodo di sette ferri per li capo altari di essa, con averci fatto molte gionte di ferro per rinforzare tutti li cartocci vecchi, come dalla sua nota letta in Banca in summa di D. 15 e grana 10 accomodata da detto signor Priore per detti D. 10 ed ordine del medesimo in piè di essa*".

(A.S.B.N./Banco dei Poveri, patr. vol. conc. matr. 146 ex 683, del 20 agosto 1763, fol. 115, n. 21)

Al ferraro Domenico Fontana D. 332.1.11 per lo prezzo di cantara 17 e rotola 49 di ferro alla ragione di D. 19 il cantaro prezzo così convenuto col signor Don Tommaso de Rosa Marchese Governatore Deputato; occorso per la formazione di numero 204 scanni con loro piedi voltati a luna senza colonnetta di lunghezza palmi 3 ½ per ciascuno coll'impronto di detto Monte e Bancio (sic), *cioè M.D. N.P.* (Nostra domus monte pauperum), *per l'infermeria della Vicaria, D. 12 per l'incomodo sofferto detto Fontana in accudire alla dogana per mesi tre per vedere quando veniva il ferro e D. 5.2.10 per porto di detto ferro e regalo ai facchini di detta dogana, giusta la sua nota letta in banca ed ordine in piè di essa.*

(A.S.B.N./Banco dei Poveri, patr., matr. 686, vol. conc. 20 agosto 1779, n. 11)

D. Fontana, croce e globo della vela del campanile dell'oratorio

"*Al Ferraro Domenico Fontana D. 31.3.15 cioè D. 12.3.19 per diversi residj di ferro fatti per servizio di nostro banco e Monte e D. 18.4.16 in soddisfazione di tutti li lavori fatti nella sacrestia della Parrocchia chiesa di San Tommaso a Capuano alligata al medesimo nostro Banco giusta la sua nota in summa di D. 41.3.1 tassata dal detto nostro ingegnere per D. 31.3.15 letta in Banca e ordine come supra*".

(A.S.B.N./Banco dei Poveri, patr. Matr. 686, vol, concl. Del 17 novembre 1780, f. 489)

D. Fontana, cancellate "a pietto 'e palummo", Palazzo Riccia.

Documenti privati e personali

"*Assegnamento di annuo D. 60 all'apprezzatore Domenico Fontana. Si è anche concluso assegnarsi annui D. 60 al nostro apprezzatore de' pegni di rame, ferro ed altro del nostro Sacro Monte Domenico Fontana in compenso delle gravi ed estraordinarie fatiche, che fa nelle impegnate generali e per l'assistenza che il medesimo presta nella vendita de suddetti pegni, da pagarceli mettà in Pasqua e mettà in Natale di ciascuno anno, con spedirceli il primo pagamento per la tanna della prossima passata Santa Pasqua di questo corrente anno 1793, con condizione però che tale assegnamento s'intenda fatto alla sua persona tantum e non all'Officio dovendo rimanere estinto in beneficio del nostro Banco allora quando accaderà la morte, quod obsit* del medesimo*".

(A.S.B.N./Banco dei Poveri, patr. Matr. 690 vol. concl. 11 aprile 1793 f. 375, n. 14)

* La locuzione *quod obsit* significava: ancorché nulla osti.

"*A Domenico Fontana D. 12.4.14 e per lui li suddetti li pagherete al Magnifico Don Pasquale Persico cassiere delle vendite de pegni piccoli del monte e sono per le sue vendite di rame cioè una a 26 maggio 1783 di D. 7 e grana 55 e l'altra a 19 detto di D. 5 e grana 39, restando sodisfatto di queste e di tutte le altre passate*".

(A.S.B.N./Banco dei Poveri, vol banc. Fede di credito di 12 ducati 4 tarì e 14 grana, estinta il 16 ottobre 1783)

"*A Domenico Fontana D. 90 li pagherete per lui al mastro Ferraro Nicola Ricciardi, dite sono a complimento di D. 120 atteso altri D. 30 li ave ricevuti in contanti e tutti sono in conto delli lavori di ferro che il medesimo sta facendo per servizio della nuova fabbrica che si sta facendo nel largo della Vicaria del Sacro Monte e Banco delli Poveri*".

(A.S.B.N./Banco dei Poveri, vol. bancali. Fede di credito di 90 ducati estinta il 10 maggio 1783)

"*A Domenico Fontana D. 14* (e per lui) *pagate a Tommaso Bova sono per due terze maturate a 4 gennaro 1775 li stessi che si devono da don Pascale Caiazza a Don Matteo Perrillij piggionante di un comprensorio di case di detto Tomaso site fuori Porta Capuana e propriamente avanti lo Cavalcatojo l'istesso comprensorio a me censuato in enfiteutim perpetuo inaffrancabili per l'annuo canone di D. 45 in vigore di strumento stipulato oggi sottoscritto dì per il notar Nunziante Amoroso di Napoli al quale se refere, dichiarando essermi lecito di poter quelli esigermi da detti Caiazza e Perrillis anco per Banco e quietanzare e così pagherete Napoli 20 gennaro 1775*".

(A.S.B.N./Banco dei Poveri, g. matr. 1899: Partita di 14 ducati, estinta l'11 febbraio 1775)

"*Banco de Poveri pagate per me docati 9 e grana 65- al Signore Gasparro Mascolo falignamo dite sono per l'indiera sodisfazione di diversi residi di legname fatto in una mia casa, sito nel*

Clavacatojo di fuori porta Capovana, e dite sono giovè carlini 9 per l'accomodatura di alcune finestre e porte, altri carlini 6 sono peruna nuova portella fatto alli pozzo del secondo appartamento e li rimanenti docati (e grana 15 – sono per la mezza porta nuova, e altra mezza rifatta alla prima porta delli primo piano, dove alli presente abita il Speziale (di) *Medicina inclusi con essi la compra della mascatura con la sua chiava, la fabrica attorno alli standeri o, sia quagliatura, e carlini 6 per la licenza; il tutto a tenore di una sua nota e così convenito tra di noi, che perciò se li fa il presente pacamente, restando indieramente sodisfatto per sino alla presente giornata Napoli 28 marzo 1775. D. 9__65 Domenico Fontana*".

(A.S.B.N./Banco dei Poveri.filza. Polizza di 9 ducati e 65 grana, estinta il 28 marzo 1775)

"*A Domenico Fontana D. 12 e per esso a Don Francesco Marziale, si depositano nel Sacro Regio Consiglio in Banca di Giuseppe Graziano presso lo scrivano Romualdo Castaldi e detti sono per il semestre maturato a 15 febbraio 1775 degl'annui D. 24 che io sottoscritto pago alli signori Marziale per il censo sopra un pezzo di territorio, sito nella terra di Lucignano, siccome appare dall'istrumento sistente al quale se refere e con detto pagamento restino detti Marziale intieramente sodisfatti non solamente di detto semestre come sopra maturato a 15 febbraro corrente anno, ma di tutte l'annate passate e così pagherete*".

(A.S.B.N./Banco dei Poveri, g. matr. 1914. Partita di 12 ducati, estinta il 3 novembre 1775)

"*A Domenico Fontana D. 18 li pagherete al capo mastro fabbricatore Giuseppe Cangiano e sono a conto della fabbrica che il medesimo sta facendo per la riparazione di un muro nella mia casa, sito nel Cavalcatjo fuori Porta Capuana*".

(A.S.B.N./Banco dei Poveri, g. matr. Partita di 18 ducati, estinta il 29 luglio 1776

"*A Domenico Fontana: «avendo Don Luca Manna dato in prestito tanto a me sottoscritto quanto al reverendo Don Giuliano, Felice e Marco Fontana suoi figli ed al Signor Giova Battista Fontana mio fratello D. 60 i quali in solidum promessimo pagare per giorni otto senza interesse alcuno e poi detto Don Luca ci accordò altra dilazione di poterli restituire li suddetti D. 60 di sorte in lo giro di un anno…»*".

(A.S.B.N./Banco dei Poveri, g. di banco matr. Partita di 30 ducati, estinta il 19 dicembre 1776)

Indice dei nomi e dei luoghi

D. Fontana, chiodi vari.

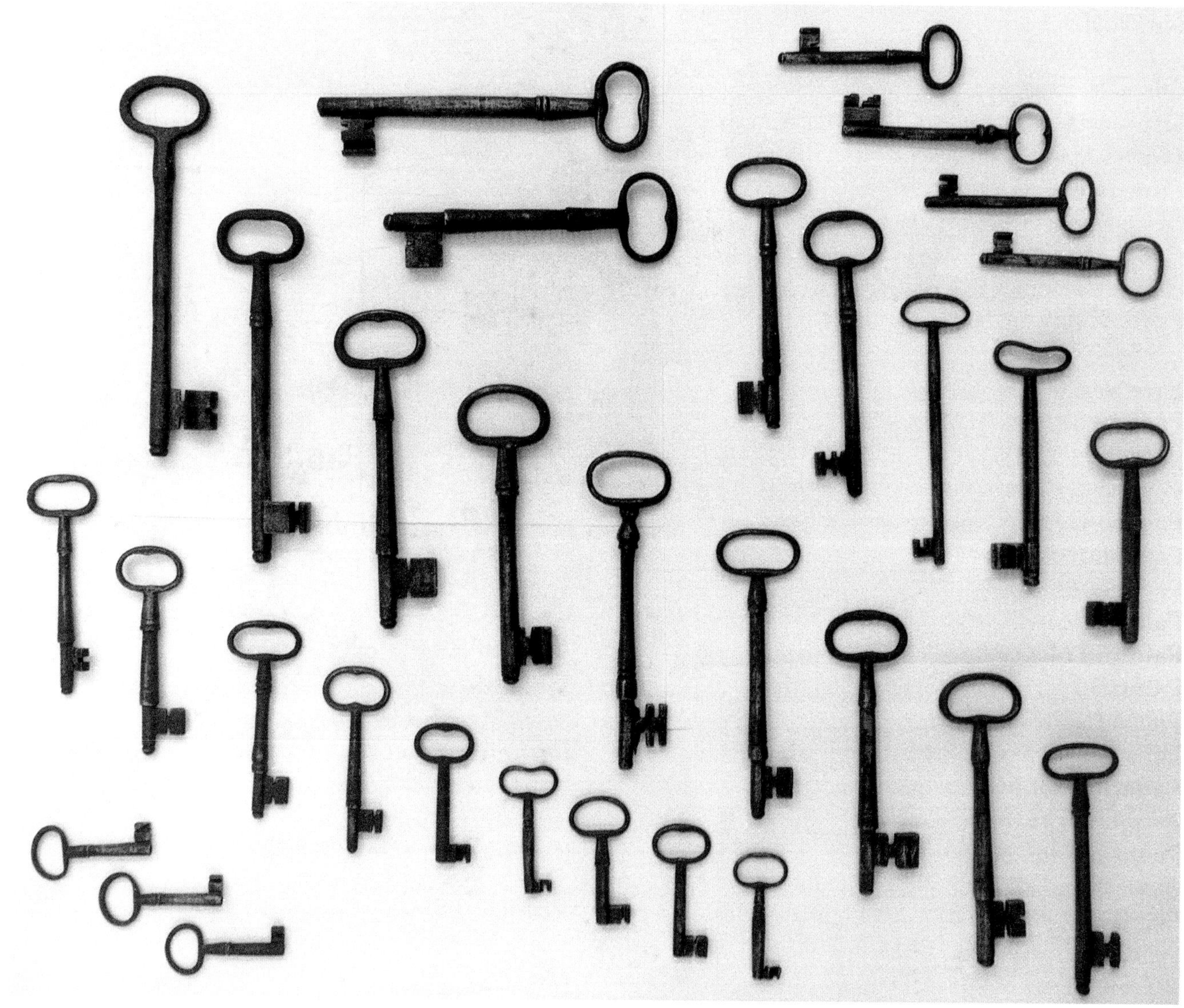

D. Fontana, alcune chiavi (coll. A.S.B.N.).

Mercato, Largo (del)
Messina, stretto (di)
Mezzocannone, via
Micone Silvestro ferraro
Miaradois, salita
Mirone Giuseppe, ferraro
Molise, stretto (di)
Monastero dei SS. Severino e Sossio
Monetta Matteo, cotrellaro
Montagna, sedile (di)
Montagnola, salita (della)
Monte della Carità, banco e Monte della Pietà
Monte della Misericordia, Governatori (del)
Monte delle Missioni, governatori (delle)
Monte dei Poveri del Sacro Nome di Dio, banca
Monte e Banco della Pietà, banca
Montella Gaetano, privato
Montella Vincenzo, notaio
Mozzillo Francesco, ferraro

Nardi Vincenzo, notaio
Nicolini Fausto

Bibliografia

Gennaro Aspreno Galante, *La Napoli Sacra*, Napoli, 1872.

Ludovuco Bianchini, *Storia della finanza del Regno delle due Sicilie*, Napoli, 1971 (ristampa).

Carlo Celano, *Notizie del bello dell'antico e del curioso della città di Napoli*, con aggiunte di **Giovan Battista Chiarini**, Napoli, 1970 (ristampa).

Diodato Colonnesi, *Le roste napoletane del Sei e Settecento*, Napoli, 1989.

Antoine L. Cordeau, *Charpente en fer et serrurerie*, Paris s.d. (ma primi Novecento).

Benedetto Croce, *Storia e leggende napoletane*, Bari, VII edizione, 1976.

Benedetto De Falco, *Descrizione dei luoghi antiqui di napoli e del suo amenissimo distretto*, Napoli, 1972 (ristampa).

Luigi De Lutio di Castelguidone, *I sedili di Napoli*, Napoli, 1973.

Ennio De Simone, *Case e botteghe a Napoli nei secoli XVII e XVIII*, in "Revue Internationale d'Histoire de la Banque", n. 12, Genève, 1976.

Gino Doria, *Le strade di Napoli*, Napoli, 1974.

Giuseppe Fiengo, *Organizzazione e produzione edilizia a Napoli all'avvento di Carlo di Borbone*, Napoli, 1983

Stefano Mazzoleni, *Una fonte inedita sui lavori per l'allestimentodei giardini e dei parcxhi della villa reale di Portici*, CSL, Napoli, 1990.

Catello Salvati, *Pesi e misure*, in Jole mazzoleni, Paleografia Diplomatica e Scienze ausiliarie, Napoli, 1970.

Alexander G. Weygers, *Lavorare il ferro*, Longanesi, Milano, 1974.

AA.VV., *Enciclopedia dell'arte*, Firenze, 1962, voll. XV.

AA.VV., *Enciclopedia delle arti decorative*, Milano, 1981.

AA.VV., *Enciclopedia storica dell'antiquariato*, Praga, 1968.

AA.VV, *Tecniche artistiche*, Milano, 1975.

Terminale di croce (retro) rame dorato sec. XVII (coll. priv.) (foto Giuseppe Capozzi).

D. Fontana, monachetto, gancio e lucchetto (coll. privata).

Tra i proverbi napoletani ne compare uno destinato ai ferrari: "*A' casa o' ferraro è o' spite e' lignamme*", ossia la casa del ferraro è l'ospizio del legno, volendo indicare che in quel luogo non vi alberga nemmeno un pezzo di ferro.

Un antico detto napoletano recita così: "*Ha dato e' fierre a Sant'Aloje*", ossia ha consegnato i ferri a Sant'Eligio per cessazione dell'attività di ferraro.

Glossario

A

Abbitare: voce dialettare, avvitare.
Abboccatojo: bocca del forno per fondere il ferro.
Abbronzo: voce dialettali, bronzo.
Acarulo: astuccio metallico porta aghi, di solito d'argento.
Accetta: ascia, mannaia.
Acciarare: temperare.
Acciaratare: arroventare e temperare.
Accettullo: voce dialettale, picozzino.
Aggiustatore: artefice cesellatore che ripara i pezzi che vennero gettati in metallo, e ne va ricercando i contorni, che non poterono uscire dalla forma in modo del tutto esatto.
Ago: è il piccolo birillo che ferma le frontizze.
Ago della toppa: corta asticciuola di ferro che partendo dal fondo della toppa risulta isolata a mò di spunzone e va ad affacciarsi al buco della serratura, nella quale s'infila la canna della chiave femmina.
Allimare: voce dialettale, dare di lima.
Ammolare: voce dialettale, arrotare.
Arpione: vedi miccione a punta ricurva.
Anello: impugnatura della chiave, ossia circonferenza metallica, manico o tondino di metallo posto sul saliscendi al posto del pomello.
Appallottarsi: dicesi di quel minerale di ferro che si appallottola prima di giungere nella pancia del forno di fusione e che non si potrà uscire squagliato.
Appiccicagnolo: qualsiasi gancio infisso nel muro o nel soffitto atto ad agganciare oggetti vari.
Argento: metallo prezioso.
Arrozzimma: voce dialettale, ruggine.
Arziculo: voce dialettale, acciarino.
Asso de la trafila: voce dialettale sta per subbio.
Attaccaglia: anello di ferro aperto in basso terminante con due alette forate nei quali per mezzo di chiodi si attacca al centro della parte superiore della cornice. Ve ne sono di tipi molto ricercati ed elaborati artisticamente.
Attone: voce dialettale, ottone.

B

Bacchetta: ferri tondi e sottili, oggi detto tondino.
Bacchetta de na vetrata: voce dialettale, ferruzzi tondi con inginocchiature e paletti a due capi che servono a sprangare i vetri.
Balconata: ringhiera.
Balestra: ferro a molla arcuata che funziona come una balestra, usato per i saliscendi posti in alto nei portoni o per congegni vari come "*una balestra d'acciaio per il torchio del fedista* (1795).
Banco de la trafela: voce dialettale, bancone dove s trafila, tiratojo.
Bandella: parti della cerniera dove si inserisce il perno, vedi miccione.
Bandella a doppia lamiera forte e arrotolata: bandelle per cerniere più forti e resistenti nonché più esteticamente curate.
Barra: asta metallica.
Bastoncello: voce dialettale di tondino vedi anche cordoncino.
Bastone de lo catenaccio: bastone per serrare.
Bastoni: elementi dell'inferriata di sezione cilindrica.
Batacchio: ferro batti portone.
Battente: anta.
Battitojo: le due ante del cancello.
Bicorna: incudune con i corni molto lunghi, uno con l'estremità tonda, e l'altro con l'estremità quadra detta bicornia.

Boccaletti: fascette tondeggianti di ferro dove andavano ad alloggiare le stanghette delle zeccole e dei foragliati.

Bocchetta de la mascatura: detta anche scudo, la bocchetta è quell'oggettino piatto che si mette avanti all'imbocco del buco del legno dietro il qualke è posta una serratura.

Bollire o dare un caldo: far arroventare il ferro nella bottegha dandogli un grado di calore da renderlo molle.

Boncinello: ossia mastietto pezzo di ferro schiacciato che fa parte della serratura .

Bordotto: sorta di chiodo quadro di media grandezza.

Bottone: piccolo disco piatto convesso in questo caso metallico.

Bottone ca se mette sotto la capa de na vita: voce dialettale de raperella, ossia un tondino piatto.

Bottone de la chiava masculina: voce dialettale sta per pallino.

Brigliaro: fabbricante di finimenti per cavalli.

Bronzo: lega metallica composta da rame e stagno.

Brunitojo: strumento per la brunitura meccanica e non per bagno in olio.

Brunitura: era la tecnico con la quale si poteva evitare la verniciatura del ferro conservando il suo originale colore e mettendolo a riparo dalla ruggine (vedi l'arte del ferro).

Brunziere: voce dialettale di bronzista.

Bulino: sorta di strumento dalla punta d'acciaio, col quale sottilmente si scava e si intagliano i metalli per decorarli. Usato anche per graffire le lastre di rame per le stampe.

Bullette: chiodini dal grande cappello.

Bullette da once: quelle bullette che si vendevano a peso.

Busciarda: voce dialettale di gradina ossia mazzola con un lato dentato per bucciardare il piperno.

C

Caldararo: fabbricante di caldaie.

Caldatura: è tutta quella quantità di ferraccio che si fonde in una sola volta.

Caldo rosso o rovente: quello che è di color rosso.

Caldo ciliegia: quello che è meno rosso.

Caldo bianco: quello che è il maggiore che si possa senza portarlo al punto di fusione.

Camicia: parte intermedia del forno fusorio tra l'abboccatojo e la pancia.

Camosciare: vuol dire punteggiare finemente ls pannatura delle figure o d'altre opere di cesello, percuotendo con la fresca rottura di un'asticciuola d'acciaio, la cui sezione presenta una grana finissima.

Campanella: anello di ferro al quale si aggancia un altro ferro, come nella stadera.

Cancaretto: ferro limato irregolarmente come se fosse consunto.

Canale: pezzo di metallo atto allo scaricamento dlle acque.

Canalone: grande canale.

Cancella: vedi cancellata.

Cancellata: posta a difesa di un luogo, vedi anche inferriate.

Cancellata a mustacciolo: inferriata i cui interspazi fra le aste formano delle losanghe.

Cancellata a gajola o a gabbia: quella che sporta in fuori con figura quadrata dal mezzo in giù.

Cancellata a mandorla: detta anche a mustacciolo.

Cancellata a pietto de palummo: chiusura di finestra o balcone sagomata amò di petto di colombo.

Cancellata a spina di pesce: inferriata a lisca.

Cancellata alla romana: le cui aste intersecandosi formano una spina di pesce.

Cancellata a rezzatura: inferriata che ricorda una rete da pesca o comunque crea dei quadrati.

Cancellata inginocchiata: vedi cancellata a pietto e' palummo.

Cangella: vedi cancellata.

Cannola de la chiava: corpo della chiave compreso tra la nappa e l'anello ossia fusto.

Cannola d'a mascatura: voce dialettali di guida.

Cannottiglie de chiummo o d'attone: voci dialettali per piccole sezioni di canna di piombo o d'ottone.

Cantone: elemento metallico angolare.

Cap'e chiuvo: cappello o testa, usato in senso figurato per denigrare gli stolti.

Cancellata a rezzatura, stazione zoologica Anton Dohrn, Napoli.

Cappelolo: la parte superiore del chiodo detta anche capocchia su cui si batte col martello.
Cappiglia de fierro: voce dialettale di paravento.
Capuni: termine settecentesco napoletano per indicare dei chiodi particolari ossia dalla grossa testa.
Cardine: sostegno a quisa di perno per tenere le imposte di porte e finestre.
Cascionetto d'a mascatura: voce dialettale di piastra a cassetta della serratura.
Castelletto d'a mascatura: voce dialettale di congegno a castelletto.
Catena: ovali di ferro legati l'umo all'altro.
Catenacciello: lucchetto.
Catenaccio: chiusura a chiavistello, elemento staccato dal corpo che lo ospita.
Catenaccio a borza: vedi catenacciello.
Catenaccio a borza co lo segreto: lucchetto a segreto.
Catenaccio coll'alfabbeto: voce dialettale per di lucchetto a lettere o a numeri oswsia a combinazione.
Caudiare: arroventare il ferro.
Caviglia: perno di ferro.
Centrella: bulletta per chiodare la scarpa, piccolo chiodo corto a sezione circolare dalla testa molto grossa utilizzato per non far scivolare su i terreni innevati.
Centrella co la capa d'attone: voce dialettale di cocomerini usati in tapezzeria.
Centrelluzza: piccola centrella.
Cerniera: ordigno per serrare.
Cerniera ad occhio: consisteva in due stanchette di ferro ripiegate su sé stesse con un piccolo spazio tondo nella piegatura e con l'inserimento di una simile, incatenate tra di loro, si usavano per porte pesanti e portoni.
Cesello: strumento da cesellare o intagliare i metalli fatto come uno scalpelletto, ma senza taglio per lo più d'acciaio, ma anche oggetto rifinito a cesello.
Chiasta: termine dialettale napoletano di piastra.
Chiasta de la mascatura: voce dialettale di piastra, fondo della serratura.
Chiasta de na ringhiera: voce dialettale delle due fasce che mantengono i pilastrini.

D. Fontana, catenaccio, Palazzo Riccia.

Chiantarulo: voce napoletana di piantaroli, tipo di chiodo testa piccola e piatta di media grandezza, adatto al legno molto utilizzato per i telai dei soffitti con tele dipinte o nella costruzione di barche.

Chiantella: voce dialettale napoletana di piantella, di forma a mezzaluna in ferro per non far consumare il tacco di cuoio, a volte si metteva anche nella parte anteriore della pianta della scarpa. Ormai in disuso, oggi si usano per il ballo “tip-tap”.

Chiattorali: sorta di chiodi dalla testa larga.

Chiava fauza: voce dialettale di chiave falsificato, controchiave.

Chiava femminina: voce dialettale di chiave dove il cannello e vuoto.

Chiava masculina: voce dialettale di chiave diove il fusto è pieno e termina col pallino.

Chiave: arnese metallico necessario per aprire e chiudere la serratura, la toppa o il chiavistello. Le parti che la compongono sono: anello, fusto, pallino, canna, ingegni.

Chiave doppia: quella che senza anello, ha gli ingegni verso ciascuna delle due estremità in modo da servire due toppe diverse. Queste chiavi si facevano ora con gli ingegni rivolti verso una stessa direzioine, ora verso direzione opposta.

Chiave femmina: quella la cui canna non è piena.

Chiave maschia: quella il cui fusto è pieno e di solito termina in Pallino.

Chiave falsa: è una chiave che apre una serratura benché fatta per aprirne un’altra alquanto diversa.

Chiavetella: piccola chiave, chiavetta.

Chiavettiero: voce dialettale di fabbricante di chiavi.

Chiavistello: strumento di ferro lungo e tondo che ficcandosi dentro certi anelli confitti nelle imposte, le tiene congiunte e serrate.

Chiejatielle de le currente de la mascatura: voce dialettale di Piegatelli.

Chiejatiello dello licchetto a la monachina: voce dialettale di staffa.

Chiejatiello de la mappa e mappetella: voce dialettale di boncinello, mastietto.

Chiodo: asticella metallica aguzza da una parte e capocchiuta dall’altra, quelli antichi avevano sezione rettangolare.

Chiodo a crocco: quello ricurvo a uncino.

Chiodo alla romana: quello con la testa smussata ai quattro lati a mò di bugnato utilizzato soprattutto nei portoni per uso decorativo.

Chiodi da cavalli: forse perché costavano 2 cavalli, che ricordiamo il cavallo era una moneta del Regno di Napoli.

Chiodi da grana: forse perché costavano una grana moneta del Regno di Napoli.

Chiodi da tornese: forse costavano un tornese, antica moneta del Regno di Napoli.

Chiummare: voce dialettale di impiombare.

Chiummino: voce dialettale di piombino.

Chiuovarulo: voce dialettale di fabbricante di chiodi.

Chiuovo de ramma che cierti bote e ’ndurato: voce dialettale del dorone ossia di chiodo di rame talvolta dorato.

Chiuvetiello: voce dialettale di piccolo chiodo, agutello.

Ciarniera: voce dialettale di cerniera, mastietto.

Cincurenzia: rastrello.

Cippo della ncunia: voce dialettale del ceppo dell’incudine.

Cocomerini: chiodini come le bullette ossia chiodini dal grande cappello, quest’ultimo però era di ottone o altro metallo bombato.

Coda di paone: termine dialettale napoletano per indicare la rosta. Così dicesi quel modo di chiudere la parte arcata di un vano, conformato come raggi che dal centro vanno alla circonferenza, sia di bastoni o lamine di ferro. Talvolta si abbelliscono con disegni, ma che non alterano siffatta denominazione.

Coda di pavone: vedi coda di paone.

Collare a zero, a stella a croce: voci dialettali di fernette ossia di quegli elementi dei congegni della toppa che invece di essere perpendicoli alla piastra sono abliqui od orientati diversamente.

Collaro: voce dialettale di rastrello.

Collo d’oca: È una bandella della quale si fa uso ad una bussola o portiera, così detta, perché resta piegata innanzi circolarmente, ad effetto, che messo il suo occhio nell’arpione, la bussola, e portiera, aperta che siasi, per se medesima facilmente si chiuda.

Conga: voce dialettale, conca ossia vasca.

Cordoncino: voce dialettale per tondino di ferro vedi anche bastoncello.

Correa cull'uocchio: voce dialettale di bandella forata per alloggiare i pilastrini della ringhiera.

Correa de lo meccione: voce dialettali della bandella delle frontizze.

Correa de lo sargente: bacchetta di ferro ripiegata due volte a squadra a foggia di lettera U.

Correa: termine dialettale napoletano per indicare cintura di qualsiasi materiale.

Corrente: asta in ferero tondo che serve per sorreggersi nel fare le scale.

Cortellaro: fabbricante di coltelli.

Corvo: sorta di tenaglia per alzare gli incudini.

Costola: e la parte non tagliente della lama di una spada.

Cotticci: i pezzi d'agro ricotti.

Cotticciare: ricuocere i pezzi d'agro.

Crocco: uncino.

Croce: è quella bandella di ferro grosso a foggio di T che serve per frenare lo stante di una chiusura col ritto del vano, sia di fabbrica, sia anche di legname.

Cruce saude: voce dialettale degli ingegni della toppa.

Cugnolo: cuneo.

Cuorno quatro de la ncunia: voce dialettale di lungua ossia la parte estrema dell'incudine d forma a tronco di piramide detto anche *cuornicchio de l'anccunea.*

Cuorno tunno de la ncunia: voce dialettale di ciascuna dell'estremità dell'incudine.

Curele: voce dialettale di rulli, colindri.

Currente o curreturo de la mascatura: voce dialettale di stanghetta.

D

Dare e fierre a sant'aloje: si deiceva quando un mastro ferraro non era più abile al mestiere usava portare gli attrezzi da lavoro a Sant'Eligio loro protettore.

Debole della lama: è quella parte della lama della spada che va dalla metà di essa alla punta.

Diacciuolo: specie di chiodo a sezione quadro di piccole dimensioni.

Distendino: è una particolare officina, nella quale il ferro lavorato in ferriera si danno delle forme più sottili, con cui va in commercio, ad uso del fabbro o del magnano.

Doppio fuoglio de rammera: voce dialettale di bandone, tolone ossia larga lamina di latta.

Dorone: chiodo di rame a volte dorato.

F

Falda de lo meccione: sono i tre anelli due di una frontizza e un altro dell'altra dove poi sinfila il perno detto anche arpione.

Fare no pertuso cu la vriala: succhiellare cioe fare un buco col succhiello.

Far la ralla a na vita: accecare la vite ossia far sì che la vite o un chiodo entri con ls testa nel ferro o nel legno.

Far la scea: lo sturare il foro inferiore posto sotto la scodella per far defluire il ferraccio fuso che va a finire in alcune buche poste nel terreno presso il forno.

Femmena de la vacula: voce dialettale di femmina dell'anemella ossia di quel pezzo metallico piano o concavo col foro centrale che ora è aperto, ora chiuso dal battitojo.

Feritoia: apertura laterale della serratura che blocca la porta.

Ferraccio: è la parte metallica più o meno pura del materiale di ferro che si fonde nella magona. Il ferraccio contiene ancora del carbonio e dell'ossigeno, dai quali viene purgato e ridotto in ferro fuso nella Fucine o Ferriera.

Ferracocchio: lavorante delle parti metalliche di carrozze, cocchi e tarini.

Ferraro: fabbro.

Ferrature: ferramenti.

Ferreate: cancellate.

Ferriera: officina nella quale il "ferraccio della magona" rifuso e purgato, si riduce in ferro propriamente detto, appropriato agli ulteriori lavori del Magnano e di altri artieri.

Ferro: elemento chimico, metallo di color grigio scuro.

Ferro a cavallo: mettere un ferro a cavallo è mettere il guarnimento ad una lama di spada.

Ferro agro: quello che si stritola e si spezza con facilità.

Ferro alla spagnola con vermini e feminelle per le vetrate: riteniamo si tratti delle spagnolette che col tempo vennero chiamate crenonesi o di tipo americano spesso in ghisa o in bronzo dorato per i tipi più eleganti.

Ferro crudo o vetrino: quello che facilmente si rompe a freddo, perché le sue parti non sono state ben amalgamate dal fuoco.

Ferro grasso: quello che è spugnoso come il fiale delle api.

Ferro di pietrasanta: terminologia napoletana che indica un ferro di grande qualità.

Ferro di portiero: trattasi di un ferro ad U posto sopra il telaio di una porta per tenere la stoffa di una tenda.

Ferro dolce: quello che è agevole da lavorare.

Ferro dolce e tenace: è il ferro più duttile di tutti gli altri, ed è quello che si può piegare come si vuole tanto a freddoi che a caldo senza che si spezzi.

Ferro duro: quello che oppone molta resistenza all'azione del martello, e perde difficilmente la sua tessitura granellosa lavorandolo a caldo.

Ferro duro e agro: quello che si lavora male, che si fende a freddo, e spesso si rompe a caldo e ciò dipende dalla cattiva lavorazione essendo rimaste alcune parti do carbonio.

Ferro duro e spezzante: quello che si può piegare a caldo in tutte le direzioni, ma che si fende a freddo.

Ferro duro, forte e tenace: quello che si può piegare in tutti i sensi, tanto a caldo che a freddo.

Ferro lavorato a lima fina o a colpi di lima: perfettamente lisce e brunite.

Ferro lavorato a mezza lima: con finiture un po' slabrate.

Ferro maglietto: quello di ottma qualità che può essere utilizzato per ogni lavoro.

Ferro molle: si dà tal nome alle qualita diverse di ferri teneri, e duttili, i quali possono piegarsi diversamente su sè stessi; la loro tessitura è granellosa, ma lavorandoli a fuoco diventano nervosi e presentano nelle spezzature molte fibre.

Ferro molle e agro: quello che riscaldato si piega facilmente, ma che si rompe a freddo; i ferri dolci che sono stati troppo riscaldati sono tra questi.

Ferro molle e spezzante: quello che può lavorarsi a caldo. A freddo lo si può piegare fino a un certo punto, ma non resiste ad una forte pressione, e non è buono a sostenere un gran peso.

Ferro roverino: quello che si piega a freddo, ma che si fonde al caldo rosso, tal difetto deriva dallo zolfo che entra in combinazione.

Ferro sodo: il ferro di magona.

Ferro grezzo: quello non ancora lavorato.

Ferro raffinato: quello che è passato pel crogiuolo.

Ferro duttile: quello che si lavora come si vuole, che è arrendevole, e riducibile a tutte le forme.

Ferro malleabile: quello che si può lavorare col martello.

Ferrunia: ferrugine.

Fierre: strumenti di lavoro.

Fierre cu la maneca: strumenti ammanicati.

Fierre assai tagliente: strumenti ingordi.

Fierre a meza luna: cicogne ossia ferri tondi semicircolari che si pongono nel muro al disotto della doccia della grondaia.

Fierro da trafura': stampo a taglio.

Fierro de la chianozza: ferrro andante, di poca qualità.

Fierro de nduratore: raschietto.

Focone: parte metallica del cal camino; parte della pistola e del fucile, anche parafuoco del camino.

Foragliatiello: paletto o anche lucchetto.

Foragliatini: vedi foraglietto.

Foragliato: Piccolo catenaccio stiacciato, montato su di una cartella, che fermasi orizzontalmente all'interno dell'uscio d'una stanza con chiodetti, o con viti a legno. Questo piccolo catenaccio scorre liberamente, ma senza gioco, soto due piegatelli ribaditi sulla cartella, cui si dà pure il nome di piestra, e si fa muovere spingendo per un palino, o bottone ribaditovi di sopra. Nello stipite dell'uscio o nel mezzo che sta fermo cacciasi cacciasi pure un altro piegatello a due punti, sotto il quale entra il paletto, e vi si stabilisce. Se ne fanno di varie grandezza.

Foragliato piccolo per vetrate: sorta di catenaccio per fermare li vetrate di misura da 55 mm. a 260 mm.
Foragliato a squatra: lucchetto di forma particolare.
Foraglietto: detto anche foragliatini erano lucchetti con stanghetta ripiegata ad un'estremità, momtati su piastrina, con corrispondenti guide e boccaletto di diverse lunghezze. Alcuni forniti di pomo sia di ferro sia d'ottone, altri avevano la stanghetta a sezione cilindrica scorrente in guaina e col pomello montato su piastrina e con corrispondente "boccaletto".
Forgia: fucina.
Fornacella alla francese: fornello, apertura quadra a volte circolare fornito di graticola nella parte bassa al cui disotto è vuota pewr accogliere la cenere e per dare l'aria del tiraggio necessaria alla migliore combustione.
Forte della lama: quella parte della lama della spada che è tra il centro ed il codolo osia attaccatura di essa all'imougnatura.
Frontizza: arpione da vetrata oppure i due pezzi laterali della cerniera formata da due bandelle tenute dal miccione ossia pilastrino detto ago o perno che serve a far girare i battenti di porte e finestre.
Frontizze a squatro: sono simili a quelle a meccione solo che una.
Frontizze a zeppe: cerniera con arpione da conficcare nel legno.
Frontizzoni: grosse cerniere.
Fucina: vedi ferriera.
Fucina grande: quella in cui si fabbrica il ferro in spranghe di ogni grandezza, per mezzo di martelli e laminatoi.
Fucina all'inglese: quella in cui il ferro è raffinato in fornelli a riverbero, riscaldati per mezzo del carbone fossile.
Fucina alla catalana: quella in cui si fa fondere il minerale di ferro a piccole porzioni, in crogiuoli della stessa fucina.
Fucinale: specie di camino costruito di pietroni ampio, quadrangolare, alquanto rilevato da terra, nel quale si fonde il ferraccio.
Funnare: fondere.

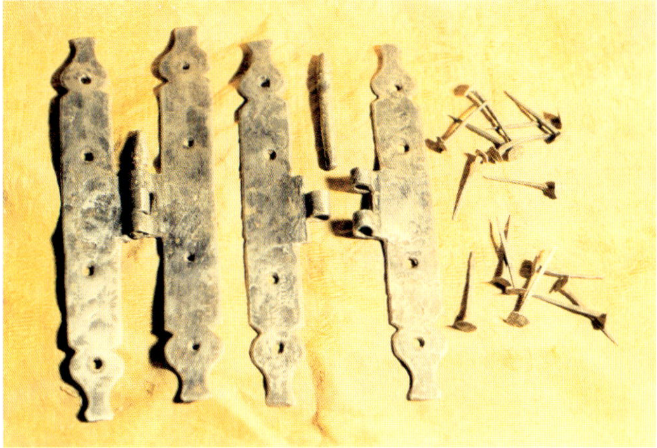
D. Fontana, frontizze con i relativi chiodi.

G

Gancio: ferro ricurvo simile a quello che sostiene la gruccia.
Gangaro: voce napoletana di ganghero ossia cardine, cerniera.
Gattone: sostegno a mensola.
Gattoncino: piccolo sostenitore per mensola.
Gattuccio: sorta di sega dalla lama sottile come un piccolo serracchio.
Gavaina: sorta di tenaglione a bocche curvate a modo di docce per tener saldi e rivoltare i pezzi roventi mentre si battono sul tasso del maglio.
Gelosia: ingraticolato alla finestra di varia forma vedi inferriate.
Gerlinajo: è quello che nelle cottura delle ceraniche è il fornaciaio ossia colui che stabilisce la temperatura, quanto carbone è necessario e quali materie fusorie sono necessarie ossia quali dosi e in che momenti vanno immesse.
Ghisa: lega metallica composta da ferro, carbonio, silicio e mamganese col quale si realizzano soprattutto oggetti per fusione.
Ginella de na barconata: voce dialettale, elementi di ringhiera.
Granire: imprimere punti ovvero righe per fare il panneggiamento o le oannature alle figure nelle opere di cesello.

Granitojo: specie di cesello appuntato in cima, o píe intagliato quasi a foggia di lima a uso di granire.
Grapella: piccola grappa.
Grappa: anello.
Grappone: grosso anello.
Gratella: graticola di ferro.
Grattacasa: voce napoletana di grattugia, parte metallica su cui si strofina il formaggio.
Grattiglia o gratiglia: graticola.
Graticola: rete di filo di ferro assai grosso, adattata a un telajo pure di ferro, che si suol mettere dinanzi alle finestre, acciocché non possano gettarsi sassio lordure dentro la stanza o altro locale.
Groppa: parte metallica infissa nel muro o nel legno.

Palazzo della Scorziata, inferriata a rocchetto.

Guancio: vedi gancio, uncino.
Guaina: lamina di ferro che avvolgeva e nella quale scorreva la stanghetta dei lucchetti e delle zeccole.
Guarnimiemto de na porta: armatura.

I

Impiombatura: l'impiombare ferro nella pietra.
Indoratore di ferri: doratori di ferri, anche con argento e mistura.
Inferriata a corpo: quella che sporge tutta in fuori dalla dirittura del muro, vedi anche cancellate.
Inferriata inginocchiata: quella i cui ferri non sono dritti a piombo, ma sporgono dolcemente in fuori dal su in giù, e terminano nella parte bassa ripiegati delcemente all'indentro, vedi anche cancellate a pietto e' palummo.
Ingegno: lastrettine sole, le quali fermate perpendicolarmente al piano di posizione imboccano in quelle sole tacche della chiave.
Inzeppare: incuneare.

L

Labaldone: lamiera lavorata un po' doppia, ossia di maggior spessore.
Lacierte de la catena: voce dialettale che indica quei paletti o verghe di ferro che si fanno passare tra un occhio e l'altro della catena per collegarli tra loro.
Lamiera: lastra metallica più o meno sottile.
Lamiera mezzana: quella più sottile.
Lamierino: lamiera di scarsa qualità, ordinaria.
Lamina: lama sottile di rame, di ferro o altro metallo da rivestire porte di botteghe, portoni ali di tetti farne toppe eccetere.
Laminatojo: specie di trafila alla quale si dà al metallo lo spessore che si desidera o una figura particolare.
Lampiero: voce dialettale napoletana, lampadario, lampione.
Licchetto: lucchetto.
Licchetto a squatro: ossia a squadro, lucchetto con paletto a molla.

Licchetto a colpo: paletto a molla o a mezzocavallo detto anche alla tedesca.

Licchetto a corpo o di corpo: lucchetto a saliscendi.

Licchetti alla francese: lucchetto detto "sfenestrato" che chiudeva mediante una stanghetta girevole su un perno mossa mediante un pomellino di solito d'ottone.

Licchetto alla monachina: quelli che si montavano al lato superiore degli infissi ed il saliscendi si stoppava nella monachina.

Licchetto alla tedesca: vedi licchetto a colpo.

Licchettone: grosso lucchetto.

Limma: voce dialettale napoletana ossia lima.

Listello: regoletto, membretto piano o quadrato.

Loppa: una certa quantità di impurità, ossia scoria o feccia che galleggia sul ferraccio fuso e che lo si fa uscire da un foro che apresi nella parte superiore della scodella.

Lumera: voce napoletana di lustrera.

Lustrera: inferriata posta su vano rettangolare, soprapporta per dar luce a locali a livello o interrati.

M

Maglio: grossa e pesante mazza o martello di ferro messo in movimento da uno strumento meccanico o da un motore maccanico, che d'ordinario è una ruota mossa dall'acqua detta rotone, che fa girare una ruota; serve a schiacciare tutte le materie eterogenee che ancora si trovassero nel ferraccio.

Magnano: fabbro ferraio.

Mancina: trapano a macchina.

Manettone: da manetta, ossia pomo.

Maniglia: oggetto di varia foggia per tirare usci e bussole.

Mantice: strumento col quale si produce un vento o una corrente d'aria necessaria per aumentare la temperatura nella combustione. Nell'oottocento fu inventata una macchina detta soffiera.

Mappa: parte terminale della chiave dal lato opposto all'ovale dell'impugnatura. Cosiddetta poiché la sua particolare traforatura permette di muoversi nell'identico *ingegno* che si trova nella serratura.

Mappa de lo catenaccio: boncinello.

Mappetella: piccolo mastietto.

Martellina: strumento fra la piccola ascia ed il martello.

Martellima pe mettere li cazzibo': martellina dei selciatori di forma arcuata.

Martellina pe squatra' li mattone: martellina a doppio taglio per squadrare i mattoni.

Martiello da tira': martello con alle estremità due palle serve per battere la lamiera e darle una forba tondeggiante detto martello da coppare.

Martiello pe la ncunia: martello a terzo, terzetto perché utlizzato da un terzo lavorante all'incudine fra il regolatore e il battitore con la mazza.

Maruzza de la vriala: chiocciola del succhiello.

Mascatura: toppa dal latino *masculus* in quanto di tratta di un ferro che entra in un altro, detta anche serratura.

Mascatura a curreturo detta anche **ncastrata:** voce dialettale napoletana, ossia toppa a scorrimento, serratura.

Mascatura a doje menate: voce dialettale,.
toppa a due mandate.

Mascatura a sculia co la menata: toppa a colpo e mandata.

Mascatura co la sciulia a curreturo: toppa a colpo e mandata.

Mascatura co lo segreto: toppa segreta.

Masculo mignozzo: voce dialettale per Dente, maschio o mastio.

Masculo de lo ngazo: linguetta o ferrolino del saliscendi su cui si appoggia il dito per aprire la porta alzandolo.

Masto: maestro.

Matassella de fierro filato: bozza di fil di ferro.

Materozza: quei pezzi di metallo a mò di bastoncelli irreglari che si mettono nelle fusioni acciocché col suo peso il metallo si adatti e penetri uniformemente in tutta la forma.

Mecca: mistura di spirito e gomma lacca itilizzata pe dare l'effetto del dorato al ferro argentato detta tale tecnica anche argento e mistura.

Meccionciello: piccolo arpione.

Meccione o **Miccione:** voce dialettale di miccione ossia cerniera formata da due bandelle con pistone, vedi miccione.

Meccione a la francese detta anche **Meccione a zeppa:** quello dove l'arpione va piantato nel legno a colpi di martello.

Meccione co la codetta pe la chiummatura: arpione da impiombare.

Menata: mandata.

Mettere le staffe: sprangare.

Meze scive: anelli ossia quei ferri fissati all'imposta e nei quali scorre il bastone del chiavistello.

Mezzane: chiodini detti bullette di media grandezza.

Mezza sciva: anello di ferro in cui entra l'estremità del contrafforte.

Mezzo del ferro: dicesi il punto alla metà della lama di una spada.

Miccione a croce: cerniera rinforzata per le estremità di balconi, porte e portoni, vedi anche perno.

Miccione a perno fisso: ossia non smontabile in tre pezzi, utilizzati solo dall'Ottocento in poi.

Miccione a punta: perno appuntito ricurvo detto anche arpione.

Mierco: marchio per marcare gli animali.

Minuzzaglia: tutti i ritagli di ferro.

Miullo: mozzo.

Modiglione: mensola a doppia voluta a mo' di sostegno.

Monacello: vedi monachetto.

Monaciello: voce dialettale napoletana per indicare monacello o monachetto.

Monachetto: ferro a forma di cappuccio nel quale entra il saliscendi e l'accavalcia per serrar l'uscio detto anche nasello.

Monachetiello: piccolo manachetto.

Montagnari: lavoratori di pietre, scalpellini.

Mortalette de lo cardellino: detti anche bronzine o balle ossia dei dadi di ferro incavato, in cui girano i bilichi che sono da piè delle imposte o dei cancelli di ferro.

Morza: conio.

Morze de la tenaglia: ganasse.

Moscheruola: retina di ferro fissata a un telaio per non consentire alle mosche di entrare.

Moschettatura: anelli di acciaio con apertura a molla.

Mporchia: borchia.

Muleniello de la mascatura: nottolino in napoletano tarengola.

Muzzone de fierro: spezzoni di ferro.

N

Nasiello de la mascatura: ago.

Nasiello de la mappa: boncinello.

Nasiello de lo currente de la mascatura: gambetto ossia specie di dentatura della stanghetta cui s'incontrano gli ingegni della chiave per mandarli innanzi e indietro.

Nchiuvare: inchiodare.

Ncunia: incudine.

Ngarzo: incastro.

Niello: lavoro consistente in un disegno tratteggiato, intagliato col bulino sopra una piastra d'oro, dìargento, o di altro metallo in quella forma che si disegna o tratteggia con la penna, i tratti si lasciano vuoti oppure si riempiono di una mestica che pure si chiama niello.

Nottolino: detto zeccoletta a due ali o zeccoletta a catoccio in napoletano antico tarengola, utilizzato per mobili e scuri delle imposte delle finestre con nottolino a manovella.

O

Occhio: sono le piattine curvate a cerchietto nei quali s'infila il pernetto detto ago, che serra le frontizze che mantengono una il battente della porta l'altro il telaio dette frontizze a meccione.

Occhio: e anche il buco che è nel mezzo del magio.

Occhio di trave: anello di ferro posto a cingere una trave.

Ommo muorto: grosso chiodo di ferro che mantiene l'argano.

Ossidazione: combinazione dssigeno con le sostanze ossidabili.

Ottone: lega metallica composta da rame e zinco.

P

Pagliaccio do' fucolare: piano, letto del focolare.

Paletti: vedi zeccole.

Palo e' fierro: palo di ferro con terminali taglienti di cui uno svasato.

Pancia: la parte finale e rigonfia del forno fusorio.

Pane de na' vita: pani ossia le due parti divise da un solco sulla testa della vite.

Parauste tunne de no' canciello: bacchette della cancellata.

Passa' la limma: limare.

Passamano de la scala: ossia corrimano, bastone di ferro posto sul muro lungo le scale per potersi sorreggere durante la salita e la discesa.

Pedagna: base, pedana.

Penna: arnese simile alla traccia, serve per fare un orlo tondo alla latta.

Penna de lo martiello: lato tagliente del partello a forma di V.

Perfellatura: voce dialettale di laminatura.

Perlina: cesello per far palline, cioè mezze sfere convesse.

Perno: ferro rotondo sul quale si reggono le cose che si volgono in giro vedi miccione.

Pertose sbafate: buchi accecati, accampanati.

Pertuso de la mascatura: buco della serratura.

Pezzi d'agro: sono massi informi di ferro ancora misti con alquanta loppa o schiuma tirati fuori dalla poffa con la vergella.

Pianatojo: sorta di cesello da far pianuzzi.

Piano de lo martiello: lato piatto del martello, bocca.

Piantaruoli: chiodi molto semplici dalla testina o capocchia appena accennata usati di solito dai falegnami costruttori di barche.

Piastra: ciascuna delle due strisce metalliche piatte della ringhiera dove si inseriscono le aste verticali; oppure anche le due facce della serratura o ancora metallo ridotto a tale sottigliezza da poter fare qualsiasi uso, e ancora striscia più sottole del saliscendi.

Piastra de la serratura: fondo e copertura dei catenacci o serrature nella quale è posto il congegno femmina.

Piatto: tutta la parte piana o quasi della lama di una spada.

Picchiavena: sono gli operai che rompono in pezzi il ferro per metterlo nei forni fusori.

Piede de la vrasera: quei tre piedini a voltre a forma di zampa di leone che sorreggono il fornello del braciere.

Piegatelli: dette guide, sono delle fascette di ferro lavorate a sguadro entro i quali scorre il paletto o zeccola.

Pierno: voce dialettale napoletana che sta ad indicare il perno, cioè un corto asse d'acciaio che va inserito trasversalmente in un altro ferro.

Pierno a scrofola: chiavarda, sorta di madrevite.

Pierno de la mascatura: ago.

Pierno de la tenaglia: perno di snodo delle ganasce.

Pila: vaso di pietra o di cotto nel quale il ferrarrovi tuffa il ferro caldo sia per raffreddarlo sia per dargli un grado di tempera.

Piombino: contrappeso della stadera detta anche Romano.

Piombo: metallo duttile e molto malleabile col quale si bloccavano nelle ornie dei portoni le frontisse e le ringhiere e inferriate nelle scorniciature di piperno delle finestre e balconi.

Pipa: tubo di ferro cilindrico con piegatura ad L utilizzato per giunzioni, dette anche curve.

Pistone: specie di tubetto metallico nel cui interno scorre un tubo o sezione di esso.

Piumaggio de na' palaustrata: cimasa, parte superiore centrale decorata.

Placca: piastra di metallo con stemma o altro decoro inciso o a bassorilievo.

Poffa: buca scavata nel piano del fucinale contro un lato di esso, profonda circa 58 centimetri, nella quale si strugge il ferraccio coperto di carboni.

Pontarolo: punteruolo ossia strumento per far buchi.

Profilatojo: specie di cesello per tracciare linee rette in rilievo, o in cavo.

Puliche: quelle cavità createsi dalle bolle d'aria per la non perfetta colatura che non potè sfiatare.

Ponte di Parigi: sorte di lamelline o di filo di metallo con testa tondeggiante per fermare i fogli di carte.

Puntillo: sottile conio di ferro per fare buchi sulle lamiere o ferri infuocati, subbia.

Q

Quadretti: listelli.
Quatriello de la ringhiera: elementi dell'inferriata di sezione quadrata.

R

Ramiera: lamiera.
Ramma: rame.
Rammera: lamiera, latta, lamina.
Rammera de fierro: banda di ferro.
Rammera suttila: lamiera mezzana, lamierino.
Ramocedro: rame giallo.
Rampitella: piccolo rampino di ferro uncinato.
Rana de lo fierro: grana scabrosa della superficie del ferro.
Raperella: tondino di ferro o d'ottone che si mette sotto la testa della vite per maggior tenuta quando i materiali possono cedere o la superfice è troppo ristretta rispetto alla presa sull'appoggio.
Rasula: raschiatojo.
Raspa: sorta di lima a grana grossa.
Rata: grata.
Ratiglia de la furnacella: graticola.
Rattacasa: grattugia di latta per il formaggio.
Rebuziare: voce dialettale di accecare un chiodo.

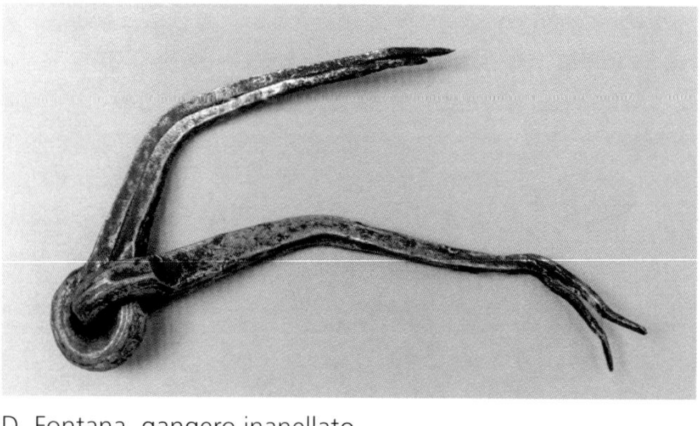
D. Fontana, gangero inanellato.

Restune curto de no canciello: spranga.
Restune luonghe de no canciello: regoli.
Ricchiella: madre vite con due alette laterali.
Riccio: incurvatura a tutto tondo, ricciolo.
Ringhiera: pilastrini tenuti da due piastre per balconi e terrazzi dritti, ad ornato semplice o ricco.
Ringhiera a collo: quella utilizzata per le scale avvolgenti o curvanti.
Ringhiera a fuga: quella inclinata usata per le scalinate.
Ringrana: sorta di forno a cono capvolto dove si cuoce il ferro prima di metterlo a fondere.
Romano: contrappeso della stadera detto anche Piombino.
Roncula: ronca.
Rosetta: vedi scudo; anche quel tondino bucato di ferro od ottone che si mette sotto la testa della vite e vi si ferma col mastrio delle stesse, oppure tondino terminale nella zeccola al quale siannoda la funicella per consentirne l'apertura.
Rosta: elemento fisso costituito da lastre o stecche variamente intrecciate a formare metivo ornamentale, posto al di sopra dell'architrave dei battenti del serramento di una porta o portale, di forma semicircolare. A Napoli veniva detta "coda di paone" ossia pavone.
Rostro o **Rostra:** trave metallica appuntita e sporgente utilizzata nell'antichità fissata alla base della prua delle naviper affondare le navi nemiche.
Rotone: è la ruota del maglio mossa dall'acqua.
Rotrancina o **Retraancia:** sorta di madrevite che possiede due alette laterali.
Runchillo: ronciglione.
Ruzza: ruggine.

S

Sarracina: voce dialettali di balestriera ossia finestra inferriata molto stretta per dar luce e aria alle cantine o altri luoghi sotterranei.
Sbavare: ripulire con ciappoli, stozzi, ceselli i lavori di getto per toglierne le scabrosita e le bave colle quali escono dalla forma.

Scaldini: da mettere nei letti d'inverno in una sorta di struttura di legno detta "'o monaco".

Scanniello de lo currente della mascatura: fermo della stanghetta.

Scarpiello: scalpello.

Scascatura: cascami di ferro.

Scea: vedi far la scea.

Schiattorali: ????.

Scamarro: piccone.

Sciamarrella: piccolo piccone vedi martellina.

Sciva: cardine, ganghero inanellato.

Scivone: grosso cardine pei portoni. Anche usato per il braccio delle grosse serrature a catenaccio.

Sciulia: aggiunta ad una specie di toppa che scorre su anelli di ferro dal verbo napoletano siulià ossia scivolare.

Sciulia a cassonetto: toppa a sdrucciolo.

Sciva: ganghero inanellato.

Scodella: e la parte inferiore del forno fusorio dove si raccoglie il ferro fuso detto ferraccia ed ogni altra sostanza fusa.

Scopettiero: fabbricante di armi da fuoco.

Scottiere: luogho dove si deposita il ferro tolto dalla miniera.

Scrofola: madrevite, ossia quell'arnese incavato a chiocciola che serve per fare le viti e madreviti.

Scruffina de ferro: scoffina raspa.

Scudo: placchetta di vare forme e di vari metalli utilizzate nelle serrature per abbellire i fori o per le maniglie.

Scudo co lu secreto: bocchetta nascosta.

Scuntri: parti interne del catenaccio e delle serrature.

Semenzelle: chiodini molto piccoli usati soprattutto dai calzolai.

Serra: sega.

Serra a di' mane: sega inteleiata detta anche serra a' telaro.

Serra a doje maniche: sega senza il ponte.

Serra a giro: sega circolare.

Serramento: cerniera.

Sicchio: secchio per acqua.

Snervatura: imperfezione per la quale il ferro diviene dcaglioso per il troppo fuoco ricevuto.

Soffiera: macchina soffiante per migliorare le temperature della combustione, vedi mantice.

Spada: arma da pinta fatta da una stretta lama d'acciaio appuntata in cima fornita di manico.

Spadaro: fabbricante di spade.

Spagnolette: sono in pretica delle zeccole ossia saliscendi di vario genere.

Spengolelle: bullette, spille.

Speronaro: fabbricante di speroni.

Spica de la mascatura: fusto.

Spica de lo muleniello de la mascatura: presa del nottolino.

Spica de lo scarpiello e della limma: codolo, gambo.

Spilaturo de ferro: sturatore.

Spogna de la chiave: ingegni della chiave.

Spranga a T: staffa a forma di T.

Squatro: ferro ad angolo retto.

Staccio: crivello.

Stadera: sorta di bilacia con un solo braccio dentellato detto stilo su cui scorre il contrappeso detto Romano o pimbino si stabilisce il peso dell'oggetto da pesare.

Staffa: spranga.

Staffa a zeta: staffa inginocchiata, quella che è ripiegata a squadra due volte.

Staffone: grossa staffa di ferro.

Stampa: specie di punta d'acciaio atta a punzonare la latta.

Stampa di montagnari: sorta di punta a forma di pigna per perforare o modellare la pietra.

Stanghetta: pezzetto di ferro che esce dalla serratura e blocca l'infisso.

Stanteri: ciascuno dei due laterali che fanno parte della cerniera per reggere le porte.

Stecchetto: vedi rasola ossia raschietto.

Stilo: lungo asse di ferro di sezione quadrangolare intaccato dell'angolatura superiore graduazioni dette appunto tacche per dtsbilire il peso della roba da pesare.

Stornire il taglio: rifilare, togliete la parte tagliente o la punta perduta e rifarla.

Stozzo: denominazione generica di ogni cesello che faccia concavità.

Stroncaturo: strumento che taglia il ferro, cesoia.

Subbio: cilindro posto in orizzontale ove si avvolge il filo di metallo.

Surracchio o saracco o serracchio: sorta di sega a larghissima lama libera da uno dei capi, è fermata ad una cora impugnatura che le fa da manico.

T

Taglio del cugnolo: lato sottile dove c'è la lama.

Tarengola: voce dialettale napoletazna di nottolino.

Tasso: incudine senza corni saldamente piantata per terra su cui si pongono i pezzi di ferraccio o di ferro da battere col maglio.

Telaro: rettangolo posto ad ornatura di una imposta di porta, finestra o cancello.

Tempera: quella consolidazione artificiale che si dà al ferro e all'acciajo, i quali riscaldati ad alto grado di calore vengono tuffati immediatamente in acqua fredda.

Temperare lo fierro: vedi temperato.

Temperato: quel ferro che lavorato o "stornito" si portava ad alto grado di temperatura e repentinamente raffreddato in acqua fredda.

Tenaglie: strumento da lavoro basilare, vi erano due tipi quelle piane o dritte o quelle dette a bocca de rancio ossia a sgorbia.

Tenaglie a boccola: quelle con le branche divergenti.

Tenaglie storte: ossia a martello, dalle bocche alquabto lunghe ripiegate all'interno ad angolo retto per prendere i ferri roventi da martellare.

Testa di cugnolo: parte larga del cuneo.

Tirante: strumento che tende ad avvicinare due parti.

Tondino: ferro a sezione circolare di piccolo diametro.

Toppa: sorta di serratura fatta di ferro con ingegni corrispondenti a quelli della chiave.

Tornitore: lavorante al tornio. Anche i metalli venivano lavorato al tornio per fare pilastrini a birillo ed altri decori.

Tozzetto: chiodo corto e grosso.

Trabacca: letto con baldacchino.

Traccia: forte lamina di ferro o acciaio a forma di scure lunga 25 centimetri utilizzate per piegare la latta o lo zinco e fare un orlo spianato.

Trafilare: passare i metalli per la trafila.

Traversa: sbarra o trave che ponesi trasversalmente ai correnti.

Traviccioli: piccole travi.

Tuorno: tornio.

U

Ugnella: cesello per le voltature nel far cerchi, ovuli, mezzo tondi e simili.

Uocchie de la catena: occhi, cercgi cinturini capichiovi.

Uocchio de lo miccione: anello, cannello del miccione.

V

Vancio: vedo gancio.

Vani: sono gli spazi tta un bastone o un quadrello e l'altro dell'inferriata.

Vento: differenza di diametro fra il tubo metallico ed un altro oggetto per facilitarne l'inserimento.

Vergella: asta di metallo con la quale si rimesta il ferraccio fuso nella poffa.

Vita: morsetto, morsettiera.

Vita co lo mazzariello: morsetto.

Vita ntesta: toppo da scorrere, morsa alla tedesca.

Vite: a testa tonda e a testa quadra.

Vite bomberina: dalla testa bombata.

Vite muscoliata: impanata, filettata a spirale.

Vrasera: vice napoletana che sta per braciere.

Vriala: detta anche vergara: succhiello.

Voccola de la mascatura: bocchetta.

Vorza de lo catenaccio: corpo del lucchetto.

Votafilo: acciajuolo.

Votajanno: grimaldellko.

Vota vita: cacciavite.

Vottanti: ferri da scivolo del saliscendi.

Vriala: succhiello.

D. Fontana, zeccola.

Vrialella: piccolo succhiello.
Vrialella de muscardina: succhiello da ribaditure.
Zecca: vedi zeccola.
Zeccola: saliscendi, paletto.
Zeccola alla fiorentina: con asta di lunghessa sino ai 2 metri.
Zeccola alla francese a ruota: con asta di oltre 2 metri.
Zeccola a mano alla napoletana: paletto ferma battente a sezione quadrangolare.
Zeccolella a cartoccio: sorta di nottolino in ghisa, di solito si verniciava di nero di lunghezza dai 31 ai 63 millimetri.
Zeccoletta a due ali: sorta di nottolino in napoletano tarengola.
Zecculella alla francese: sorta nottolino.
Zeppa: pezzo di ferro o di altro materiale messo a rincalzare o sostenere qualche oggetto.
Zeppune: voce dialettale napoletana che indica le grosse zeppe.
Zoccolo: parte bassa, terminale inferiore.

Molti termini del glossario sono tratti da:

Giuseppe Maria Porcelli, *Vocabolario delle parole del dialetto napoletano*, che più si scostano dal dialetto toscano, Porcelli, Napoli, 1789.

Tramater e C., *Vocabolario Universale Italiano*, Tramater, Napoli, 1829, voll. 7.

Enrico Romano, *Dizionario ragionato di Architettura Civile*, Trani, Napoli, 1844.

Francesco Cardinali, *Dizionario della lingua italiana*, Nobile, Napoli, 1851, vol. 3.

Giacinto Carena, *Vocabolario d'arti e mestieri*, Lauriel e Marghieri, Napoli 1856.

Francesco D'Ascoli, *Dizionarietto Etimologico Napoletano*, Conte, Napoli. 1868.

Francesco Jaoul, *Vocabolario di Architettura ed arti affini*, De Angelis, Napoli, 1877.

Raffaele Andreoli, *Vocabolario napoletano: italiano*, Paravia, Torino-Roma-Milano-Firenze, 1887.

Ettore Vitale, *Capitolato e Tariffa di Prezzi*, Muca, Napoli, 1898.

Antonio Salzano, *Vocabolario Napoletano italiano: italiano napolatano*, Giglio, Napoli, 1989.

Altri compaiono direttamente nei documenti riportati.

D. Fontana, balaustrata di Palazzo Riccia.

D. Fontana, particolare inferriata di Palazzo Riccia.

Balcone con ringhiera e lustrera sottostante nel cortile di Palazzo Riccia.

Inferriata a "mustaccioli" della chiesetta di San Biasiello.

D. Fontana, catenaccio.

D. Fontana, lucchetto a molla e a mezza balestra (coll. privata).

D. Fontana, particolare balconata, Palazzo Riccia.

D. Fontana, tralcio con foglie e fiori dorati.

Archivio Storico Purgatorio a Dario (A.S.P.A.), pagamento a D. Fontana di 6 ducati del 25 aprile 1759.

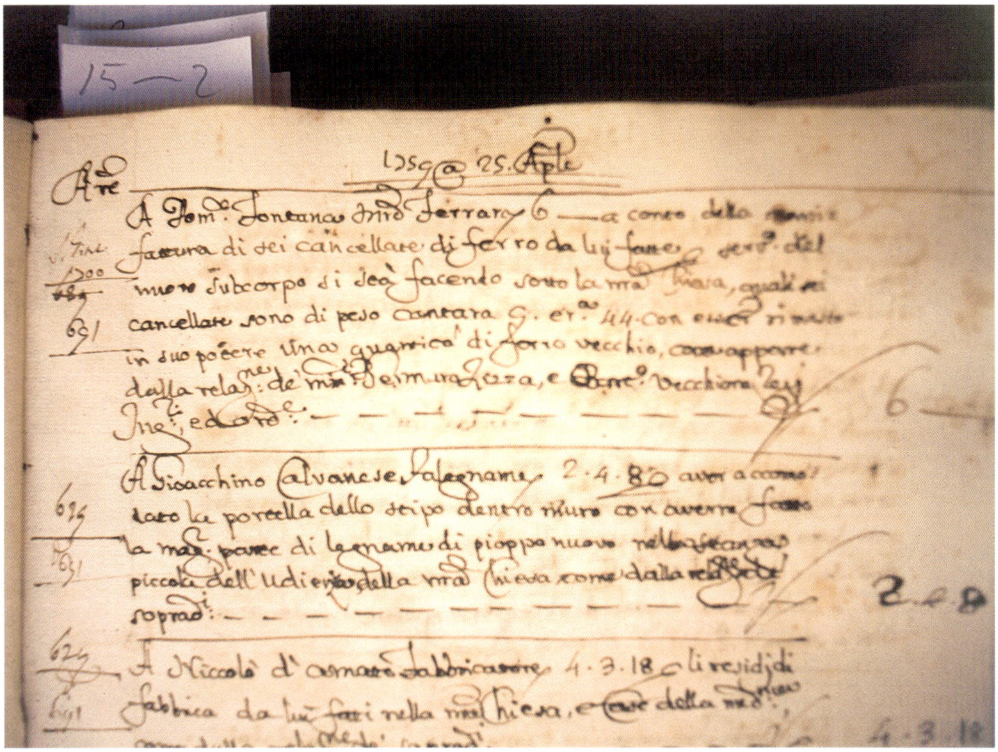

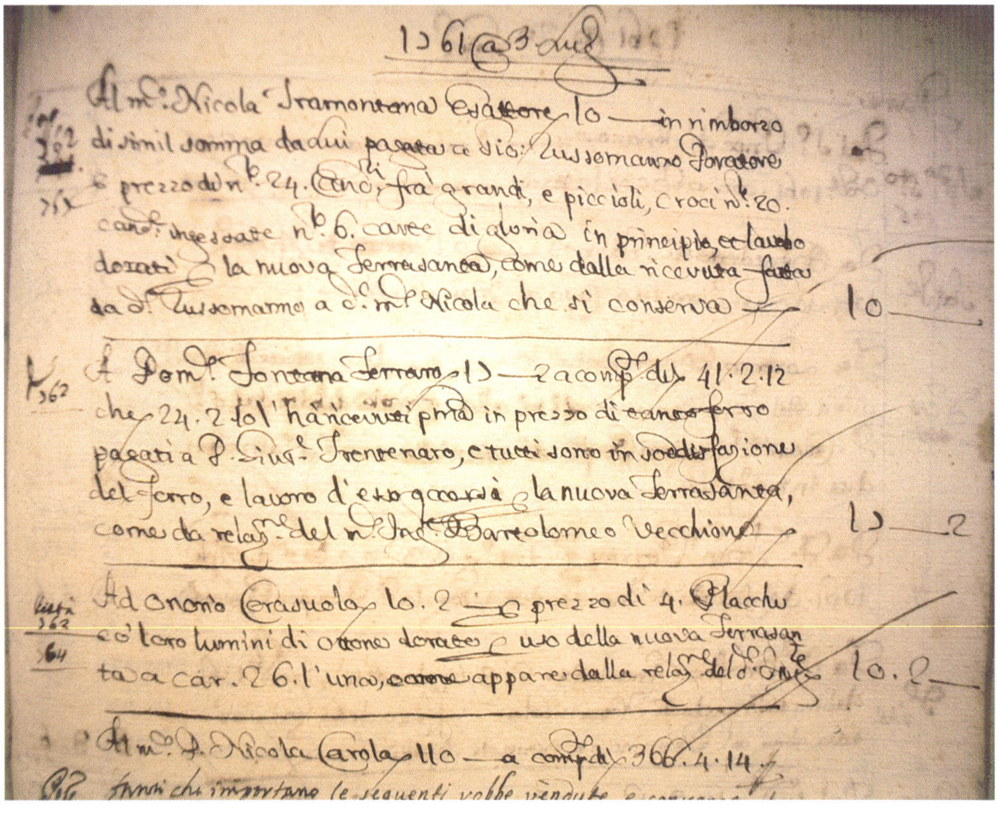

A.S.P.A., pagamento a D. Fontana di 17 ducati e 2 tarì per acquisto di ferri il 3 luglio 1761.

A sinistra: D. Fontana, ganocchio a vite, maniglia e gancio (coll. privata).

A destra: D. Fontana, pistoncini per frontizze.

D. Fontana (attribuzione), rosta Palazzo in largo S. Lorenzo Maggiore.

Varie serrature del sec. XVIII (coll. privata).

D. Fontana, lucchetto a mezza balestra (coll. privata).

A sinistra: D. Fontana, ramo di foglie e fiori (ferro dorato).

A destra: D. Fontana, apliques in ferro dorato, fine '700.

D. Fontana, retro della porta blindata.

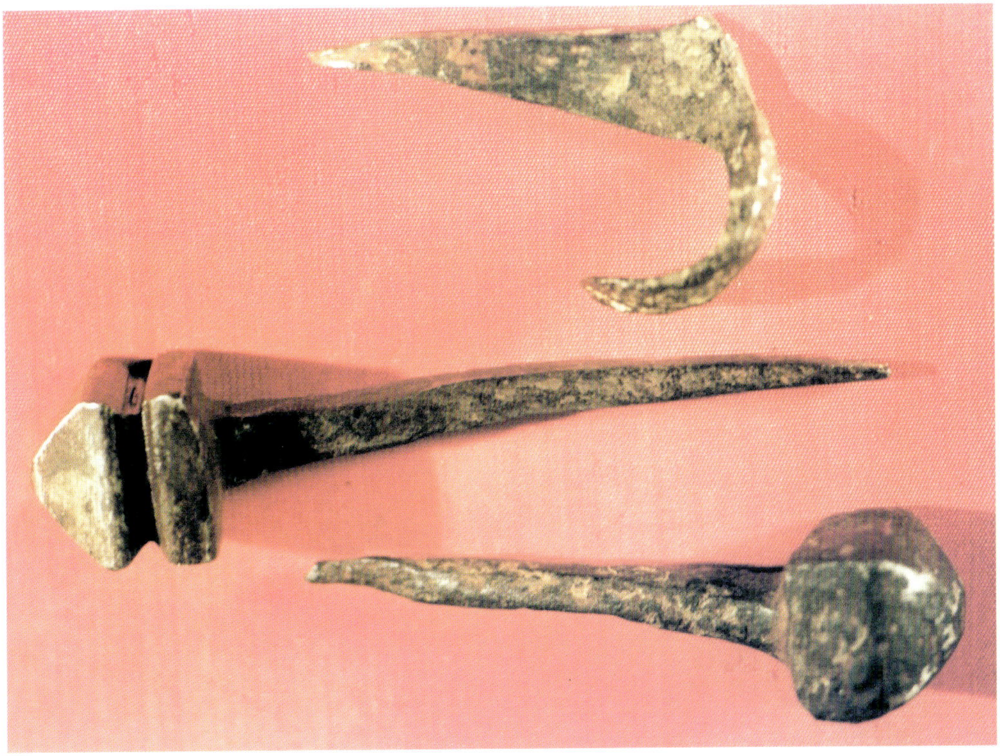

D. Fontana, chiodi da portone e gancetto (coll. privata).

D. Fontana, licchetto a mezza balestra (coll. privata).

A sinistra: D. Fontana, zeccola.

A destra: autografo di Domenico Fontana con autentica notarile con l'indirizzo (A.S.B.N.).

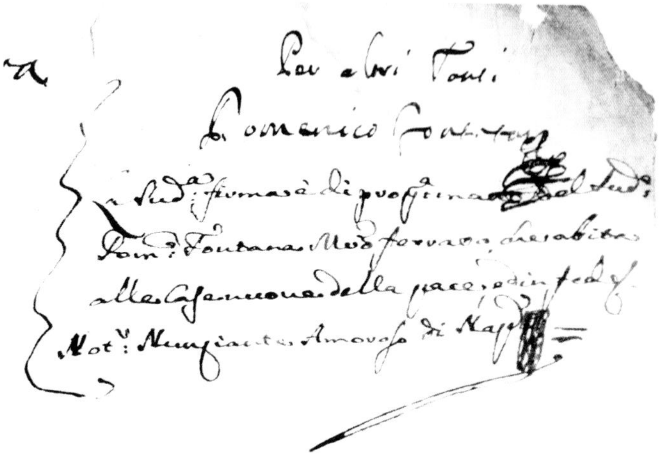

D. Fontana, particolare dell'inferriata, Palazzo Riccia.